人工智能概论

张广渊　周凤余　著

中国水利水电出版社
www.waterpub.com.cn
·北京·

内 容 提 要

本书致力于推动人工智能的普及教育，使用通俗易懂的语言深入浅出地介绍了人工智能的相关知识，包括机器学习和深度学习的基本内容，并结合图像信息处理和自然语言处理两个典型应用展开阐述，使读者能快速掌握人工智能的基本概念、基本知识体系和框架，为进一步深入学习打下良好基础。

本书共分 6 章：前 4 章主要介绍基础入门知识，包括绪论、基本分类、回归与聚类及神经网络与深度学习；第 5 章和第 6 章结合人工智能目前最热门的两个技术应用领域——图像信息处理和自然语言处理展开论述。

本书强调实用性和可读性，可作为中学和中专学生的科普教材，高等院校低年级本科生和专科生学习人工智能的通识课程或公共基础课程教材。

本书提供视频、PPT、习题等辅助教学资料，可访问本出版社教学资源链接 http://www.wsbookshow.com 和 http://www.waterpub.com.cn/softdown/ 获得；本书配套慕课教程可访问智慧树网站链接 www.zhihuishu.com 搜索课程“人工智能基础”获得。

以上资源也可联系作者（xdzhanggy@163.com）或出版社（305586627@qq.com）获得。

图书在版编目（CIP）数据

人工智能概论 / 张广渊，周风余著. -- 北京 : 中国水利水电出版社，2019.7（2022.1 重印）
ISBN 978-7-5170-7878-4

Ⅰ. ①人… Ⅱ. ①张… ②周… Ⅲ. ①人工智能－教材 Ⅳ. ①TP18

中国版本图书馆CIP数据核字(2019)第167509号

策划编辑：石永峰　责任编辑：石永峰　加工编辑：王玉梅　封面设计：李　佳

书　名	人工智能概论 RENGONG ZHINENG GAILUN
作　者	张广渊　周风余　著
出版发行	中国水利水电出版社 （北京市海淀区玉渊潭南路 1 号 D 座 100038） 网址：www.waterpub.com.cn E-mail：mchannel@263.net（万水） sales@waterpub.com.cn 电话：（010）68367658（营销中心）、82562819（万水）
经　售	全国各地新华书店和相关出版物销售网点
排　版	北京万水电子信息有限公司
印　刷	三河市航远印刷有限公司
规　格	170mm×240mm　16 开本　11.75 印张　236 千字
版　次	2019 年 7 月第 1 版　2022 年 1 月第 5 次印刷
印　数	17001—18000 册
定　价	38.00 元

前　言

近年来，随着人工智能相关技术的不断发展和日益成熟，技术实施成本不断降低，人工智能在很多领域的应用已经落地，并取得显著的应用效果。人工智能正在改变着各行各业，也在慢慢地改变我们的生活，人工智能时代已经悄然来临。

2017 年 7 月，国务院印发的《新一代人工智能发展规划》（国发〔2017〕35 号）明确指出，人工智能已经成为国际竞争的新焦点，应逐步开展全民智能教育项目，在中小学阶段设置人工智能相关课程、逐步推广编程教育、建设人工智能学科，培养复合型人才，形成我国人工智能人才高地。

人工智能是个非常宽泛且变化较快的概念。其研究范畴包括知识表示、自动推理、智能搜索、专家系统、机器学习、神经网络、计算机视觉、模式识别、自然语言处理、自动程序设计、智能机器人等；应用领域包括家居、零售、交通、医疗、教育、物流和安防等。自诞生以来，人工智能的技术、理论不断发展，而且随着应用的不断深入，其范围在快速扩大。有些观点认为，人工智能属于社会科学和自然科学交叉领域，涉及数学、心理学、神经生理学、信息论、计算机科学、哲学和认知科学、不定性论以及控制论等。因此，人工智能不仅仅是一个学科专业，作为一个新时代的技术核心，它更应该是一种知识技能基础，是一种普及型的知识平台。通过推动人工智能普及教育，结合大学传统专业，形成“人工智能 + 传统专业”的大学人才专业培养模式是加快建设人工智能相关产业，培养人工智能相关复合型人才的一条重要途径。

本书旨在面向人工智能的初学者和爱好者，尽量使用通俗易懂的语言深入浅出地介绍人工智能的相关知识，致力于推动人工智能的普及教育。

全书共分为 6 章，第 1 章阐述了人工智能的基本概念、发展历史、研究范式和应用领域；第 2 章从鸢尾花经典数据集入手，介绍了分类的基本概念、感知机和支持向量机两种最基本的分类器，对分类器的工作步骤和多分类器设计进行了讲解；第 3 章主要围绕回归和聚类，介绍机器学习的相关基础知识，并对常用的相似度计算方法进行了叙述；第 4 章从人工神经网络的发展历史出发，对生物神经网络和人工神经网络进行了综合叙述，并介绍了传统神经网络和深度神经网络；第 5 章从人眼成像出发，介绍了图像信息处理的基本概念和发展历史，从图像处理到图像分析，再到视频分析，循序渐进地介绍了人工智能在图像和视频信息处理中的应用，最后结合图像信息处理对卷积神经网络进行了详细介绍；第 6 章围绕自然语言处理，从其发展历史、典型应用、基本技术和特征提取 4 个方面进行了详细阐述，并对循环神经网络在自然语言处理中的应用进行了相应介绍。

本书第 1 章和第 4 章由周风余完成，第 2 章、第 3 章、第 5 章和第 6 章由张广渊完成，全书由张广渊统稿。

本书在编写过程中参考了很多文献，在此谨向文献的有关作者致以衷心的感谢。本书部分插图由郭一诺和张馨月绘制，在此一并表示感谢。

由于作者水平有限，在本书编写过程中难免出现错误和不妥之处，恳请广大读者不吝指正。

作者

2019 年 4 月

目　录

第 4 章 神经网络与深度学习

第 5 章 图像信息处理

第 6 章 自然语言处理

参考文献

第 1 章　绪论

本章微课资源

从人工智能诞生开始，研制能够下棋的程序并且战胜人类就是人工智能学家不断努力想要达成的目标，最早参与人工智能起源的“达特茅斯会议”的塞缪尔就是一名来自 IBM 公司的研究计算机下跳棋的人员，而另一名参会者伯恩斯坦是 IBM 公司的象棋程序研究人员。著名的人工智能学家西蒙在 1957 年曾预言十年内计算机下棋击败人，而一直到 1997 年，IBM 公司的计算机深蓝（Deep Blue）才最终击败国际象棋大师卡斯帕罗夫。

图 1.1 是 1996 年 IBM 公司的深蓝与卡斯帕罗夫进行对局的一张照片。实际上卡斯帕罗夫与深蓝的较量可以一直追溯到 1989 年。

图 1.1　IBM 公司的深蓝与国际象棋大师卡斯帕罗夫进行对局（图片来源：sina.com.cn）

1987 年，一位来自中国台湾的华裔美籍科学家许峰雄设计了一款名为“芯验”（Chip Test）的国际象棋程序，并在此基础上不断改进。

1988 年，“芯验”改名为“深思”（Deep Thought），已升级到可以每秒计算 50 万步棋子变化，在这一年，“深思”击败了丹麦的国际象棋特级大师拉尔森。

1989 年，“深思”与当时的国际象棋世界冠军卡斯帕罗夫对战，但是以 0:2 失利，这时的“深思”已经达到了每秒计算 200 万步棋子变化的水平。

1990 年，“深思”进一步升级，诞生了“深思”第二代，在这期间“深思”二代于 1990 年与前世界冠军卡尔波夫进行了多场对抗，卡尔波夫占据较大优势，战况非赢即和。

1993 年，“深思”二代击败了丹麦国家队被称为有史以来最强女棋手的小波尔加。

1994 年，德国著名国际象棋软件 Fritz 参加在德国慕尼黑举行的超级闪电战比赛，在初赛结束时，其比赛积分与卡斯帕罗夫并列第一，但在复赛中被卡斯帕罗夫以 4:1 击败。同年，另一个国际象棋程序 Genius 在英国伦敦举行的英特尔职业国际象棋联合会拉力赛中，在 25 分钟快棋战里战胜了卡斯帕罗夫并把他淘汰出局。

1995 年，卡斯帕罗夫分别在德国科隆对战 Genius，在英国伦敦对战 Fritz，均以一胜一和胜出，并且嘲讽计算机下棋没有悟性。

1996 年，为纪念计算机诞生五十周年，“深蓝”在美国费城与卡斯帕罗夫进行了 6 局大战，“深蓝”赢得了第一局，但最终以总比分 2:4 败北。

1997 年，“深蓝”升级为“更深的蓝”，再次与卡斯帕罗夫大战，比赛仍以 6 局定胜负，最终，“更深的蓝”以 3.5:2.5 击败了卡斯帕罗夫，其中第六局仅对战了 19 个回合，“更深的蓝”就通过一记精妙的弃子逼迫卡斯帕罗夫认输。有人说，卡斯帕罗夫犯了低级错误，最终输给了他自己，但所有的主流媒体都打出了这样的标题：电脑战胜了人脑。随后，IBM 公司宣布封存“更深的蓝”，不再与人类棋手下棋[1]。

即使是在国际象棋领域，“更深的蓝”战胜了卡斯帕罗夫，围棋界依然被认为是计算机无法战胜人类的领域。围棋的规则非常简单，但是在围棋中可能存在的棋谱数量和计算量非常的巨大。围棋的棋盘由横竖线网格组成，横竖方向分别有 19 条线，棋盘网格共生成 361 个交点，在每一个交点位置，都可以放置棋子，围棋的棋子包括黑色棋子和白色棋子两种，因此，网格交点可以以三种状态存在，即放置黑棋、放置白棋或不放置棋子，这样围棋棋盘理论上存在 3^{361}（1.74×10^{172}）种组合。

根据围棋规则，不是所有位置都可合法落子，在围棋术语中没有“气”的位置就不能落子，经过研究人员测算，排除这些不合法位置后总共还剩大约 2.08×10^{170} 种棋局分布。目前在全宇宙可观测到的物质原子数量才 10^{80} 个。目前世界上最快的神威·太湖之光超级计算机的运算速度是每秒 10 亿亿次，即 10^{16} 次，这个数值与 10^{170} 相比差别巨大。如果计算机使用穷举法暴力破解棋谱的话，是不可能实现的，这也是为什么以往人们认为计算机在围棋领域不可能战胜人类的原因。

而这一切，被谷歌公司的 AlphaGo（阿尔法狗）打破了。

韩国围棋九段棋手李世石（韩语名“李世乭”）注定将被历史铭记，既是因为他的胜利，也是因为他的失败。

2016 年 3 月 9 日，谷歌开发的人工智能围棋程序 AlphaGo 与李世石在韩国首尔的四季酒店进行五番棋大战，如图 1.2 所示。五番棋常见于围棋界的比赛，是指两位棋手对决五局，胜局多者获胜，常见的还有三番棋、十番棋等。3 月 12 日，李世石输掉了第三局比赛，而 AlphaGo 则连胜三局，标志着它已经取得了这场比赛的胜利。3 月 13 日，李世石凭借“神之一手”战胜扳回一局，但第五局的失利使其最终以 1:4 败北。

在 AlphaGo 之后，还有一个事件，虽然不如战胜李世石反响那么大，但是在人工智能发展领域，却代表了一个新的突破，这就是 AlphaGo Zero。

图 1.3 是 AlphaGo 的家族图 [2]。第一代 AlphaGo 被称为 AlphaGo Fan。打败李世石的是第二代 AlphaGo，其名字是 AlpahGo Lee。在 AlphaGo Lee 之后，升级出来两个第三代 AlphaGo 的新版本，一个被称为 AlphaGo Master，它依然采用人类经验棋谱样本作为学习样本，另一个是 AlphaGo Zero，AlphaGo Zero 不再学习人类棋谱，而是在学习基本的围棋规则后，自我生成棋局进行学习和对抗。

图 1.2　AlphaGo 与韩国围棋九段棋手李世石对局（图片来源：cnblogs.com）

AlphaGo Fan　AlphaGo Lee　AlphaGo Master　AlphaGo Zero

图 1.3　AlphaGo 家族成员（图片来源：jstv.com）

图 1.4 为 AlphaGo Zero 的自我学习成长曲线 [2]，如图 1.4 所示，当 AlphaGo 学习三天后即超过了战胜李世石的 AlphaGo Lee 的棋力，在学习 40 天后，即超过了 AlphaGo Master 的棋力，而这一切没有任何人工的干预和采用任何人类已有的经验棋谱，完全依靠 AlphaGo Zero 的自我学习来实现。

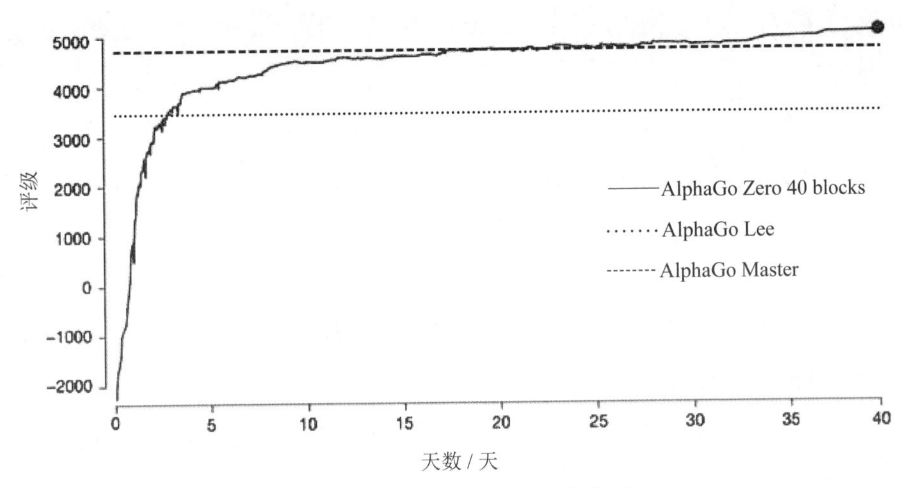

图 1.4　AlphaGo Zero 自我学习曲线（图片来源：sohu.com）

无论是“更深的蓝”的胜利，还是 AlphaGo 战胜李世石，都是人工智能发展史上里程碑式的事件，它标志着计算机程序在某一单一领域战胜了最优秀的人类。尤其是 AlphaGo 的胜利，意味着围棋这个以往被认为是机器无法战胜人类的领域被颠覆了，也把全世界的目光聚焦到人工智能领域，它意味着人工智能的巨大突破，各国政府纷纷出台对人工智能领域研究的支持和倾斜政策，越来越多的人工智能应用开始落地。在未来数十年，人工智能将极大地影响人类的工作、生活以及方方面面。

1.1　人工智能的基本概念

作为科学界的两大难题，宇宙起源和人脑奥秘一直是科学家们努力探究的科学领域，即使是科学与技术高度发达的今天，我们对人脑的奥秘依然知之甚少。而研究人工智能，自然会想到人类的大脑是怎么实现智能的，这个问题到现在依然没有准确的答案。

根据脑科学现有的研究，人类智能总体上可分为高、中、低三个层次，不同层次智能的活动由不同的神经系统来完成。其中，高层智能以大脑皮层为主，大脑皮层又称为抑制中枢，主要完成记忆、思维等活动；中层智能以丘脑为主，也称为感觉中枢，主要完成感知活动；低层智能以小脑、脊髓为主，主要完成动作反应活动。

我们已经知道，人类大脑已经具备记忆、思维、观察、分析等功能，这些功能依赖于在人类大脑中所拥有的呈现并行分布的 $10^{11} \sim 10^{12}$ 个（千亿～万亿个）神经元来实现。具体的实现形式依然在研究之中，目前人工智能得到快速发展的神经网络就借鉴了大脑神经元细胞的工作方式。但是，人类是怎样通过神经元实现大脑体现智能行为的能力依然未知，因此，对智能的严格定义有待于对人脑奥秘的进一步揭示与认识。

我们把智能定义为学习和求解问题的能力，实质上智能是解决新问题、理性行动与像人一样行动的能力。

也有把智能归结为世界上实现目标能力的计算部分，人、动物和机器都会出现各种各样和各种层级的智能。

人工智能的英文是 Artificial Intelligence，简称 AI，相对于人类所具备的自然智能，人工智能为通过使用人工设计的软硬件，使用计算机实现模仿、延伸和扩展人的自然智能[3]。

人工智能的一个比较流行的定义，也是该领域较早的定义，是由麻省理工学院的约翰·麦卡锡在 1956 年的达特茅斯会议上提出的：人工智能就是要让机器的行为看起来就像是人所表现出的智能行为一样。

著名的图灵测试设计了一个对话场景，如图 1.5 所示，试图验证机器是否具备智能，它是在 1950 年由英国科学家艾伦·图灵在其论文《计算机器与智能》中首次提出来的[4]。

图灵测试认为：从行为上来说，机器执行了需要人的智能才能完成的行为，则该机器就是智能的。

图灵测试设定的这个对话场景是由一名测试员通过文字与密闭在屋子里的人或机器交流，测试员看不到，也事先不知道在屋子里和他对话的是人还是机器，如果通过文字对话，测试员不能分辨在屋子里和他对话的是人还是机器，则参与对话的机器就被认为通过了测试，也就是具备了一定的人工智能。图灵测试在过去很长的一段时间被认为是测试机器智能的重要标准。

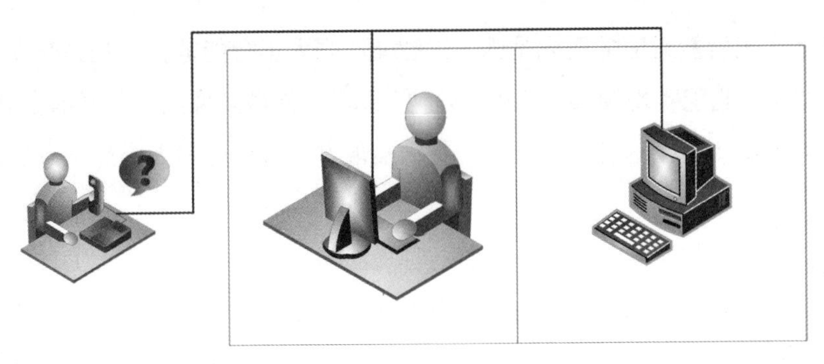

图 1.5　图灵测试示意图

图灵测试是有其局限性的，著名的美国哲学家约翰·希尔勒（John Searle）在 1980 年设计了一个思维试验，被称为是希尔勒的中文屋，试图对图灵测试缺陷进行说明。希尔勒的中文屋依然定义了一个封闭的屋子，如图 1.6 所示，这个屋子里的人懂英文不懂中文，在他手里有一套英文版的关于中文语言行为的规则书，他在屋里接收到屋外传来的中文信息和问题，通过他手里的规则对应，可以实现使用中文有效地对应回答这些中文信息和问题，而屋外的人会认为屋里的人是一位懂中文的人。

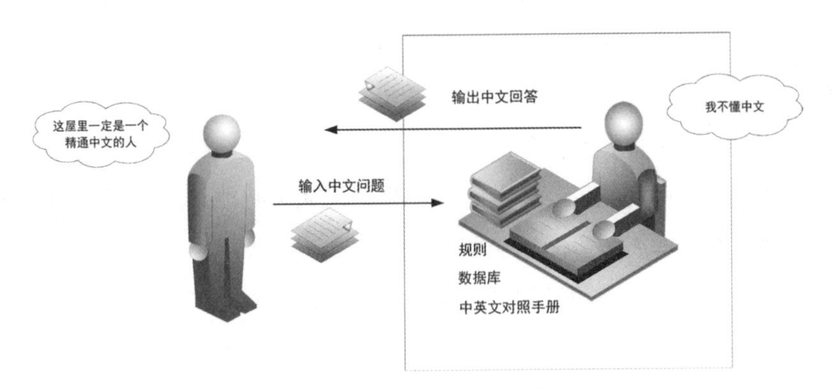

图 1.6　希尔勒的中文屋

包括麦卡锡和图灵对人工智能的定义都回避了思维的概念，把人工智能归结为在行为的表现上，我们把这一类观点称为弱人工智能观点。弱人工智能只关注于完成一个特定的任务，例如我们现在接触到的图像识别、语音输入、语言实时翻译和聊天机器人等，包括前面提到的 AlphaGo，它们都是处理一项单一的任务，并没有真正实现人脑的思维。

和弱人工智能对应的概念是强人工智能。强人工智能被认为是具有真正“思维”的机器，它能实现观察、分析、归纳、总结，能做到像人脑一样的独立思考、推理、判断和决策，这种“思维”的具体实现方式有可能和人类是一致的，也有可能是不一致的。

在人工智能的层次分类中，还有一种提法叫超人工智能，超人工智能被定义为“在几乎所有领域都比最聪明的人类大脑聪明很多，包括科学创新、通识知识和社交技能”。在超人工智能观点中，人类已经无法理解机器的思维内容和思维方式，就像在二维世界中的蚂蚁无法理解三维世界中的人类行为和思维方式一样，人工智能已经形成一个全新的社会，而我们人类有可能并不在这个全新的社会范围之内。

人工智能超越人类智能的那一时刻被称为“奇点”，在这里借鉴了宇宙大爆炸理论中“奇点”的概念，也就是处于临界的那个点，即表示人工智能超越人类智能的那个点。

奇点理论的拥护者分为乐观派和悲观派两个阵营：乐观派认为当人工智能超越人类智能后，具备智能的机器会更好地为人类服务，我们的生活会更便捷，质量会更高；而悲观派则认为，当人工智能超越人类智能后，具备智能的机器将最终带给人类毁灭。

人工智能到底是什么？有的学者认为，人工智能的终极目标是探讨智能形成的机理，研究利用自动机模拟人的思维过程。而人工智能的近期目标是研究如何使计算机去做那些靠人的智力才能做的工作。

作为一门年轻而又高速发展的学科，现在我们还看不清人工智能的边界，它不像其他科学的学科领域逐渐由分散回归统一，而是在其发展的过程中，不断分裂出大大小小各不相同的子领域。

在大学里，机械、电子、计算机，甚至哲学等学科都有人在研究人工智能，这一方面反映了人工智能已渗入到各个学科的方方面面，而另一方面，不同领域不同学科的人员对人工智能的认识也各不相同。

也许未来，在人工智能发展到某一阶段，在人脑智能认识机理研究取得突破以后，这一学科会逐渐回归统一。

1.2　人工智能的发展历史

1900 年，在巴黎召开的数学家大会上，著名的天才数学家大卫·希尔伯特宣布了 23 个未解决的难题。其中希尔伯特第十个问题的表述是：是否存在判定任意一个丢番图方程有解的机械化运算过程？

丢番图方程是一个以人名命名的方程，丢番图是一名古代数学家，大概生活在公元前三世纪，他著有著作《算术》，是代数理论和数论发展的里程碑式的著作。

本书不深究丢番图方程的概念，该难题的重点在后半句，即“机械化运算过程”，它实际上就是我们现在所说的“算法”。

艾伦·图灵通过研究希尔伯特第十个问题，设计出了图灵机，如图 1.7 所示。这就是计算机的原型，图灵机详细描述了机械运算过程的含义，也为计算机的发明铺平了道路。

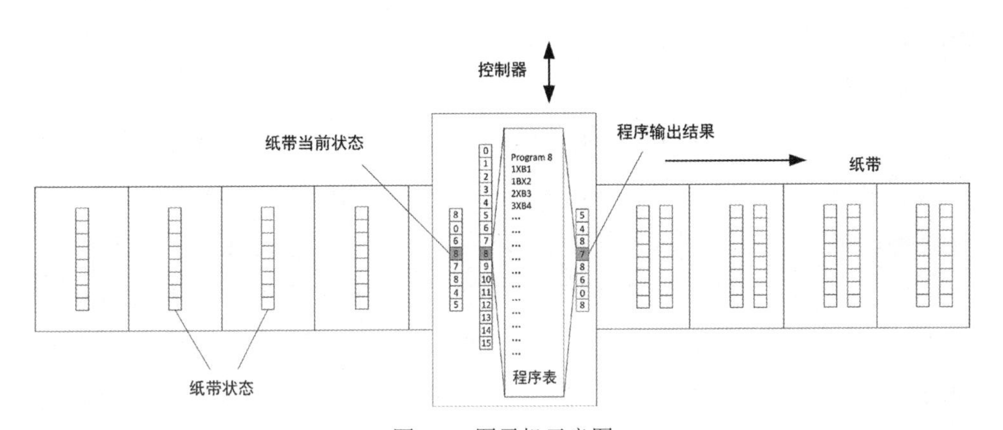

图 1.7　图灵机示意图

图灵机把人类大脑的计算的过程进行抽象化和模型化。可以想象一下使用人类的大脑计算两个数的加法的过程：首先，我们把这两个数写在一张纸上，传统的竖式计算方法是按上下排列，把个位对齐；然后，再从个位开始一位一位地按照加法规则进行加运算，当有进位的时候，需要把进位单独写到分割线对应的位置把它标注下来，在下一步运算中把标注的进位再计算进去；最后，我们把结果再写出来。

图灵机将以上描述的计算过程进行抽象化，大家可以想象这样一台机器替代人们进行数学运算：在这台机器中有一条很长的纸带，纸带是由一个一个的小方格组成的，每个小方格都拥有不同的颜色，表示不同的信息；有一个机器头在纸带上移来移去，在机器头中有一组内部状态，还有一些固定的程序。在机器头在纸带上移动的过程中，它会从当前纸带上读入每一个方格的信息，然后结合自己的内部状态查找程序表，再根据程序执行的结果输出信息到纸带方格上，并转换自己的内部状态，然后进行移动[5]。

图灵机用形象的方式描述了使用机械运算实现自动运算的过程，现代计算机就是基于这样一种原型来实现的。

实际上，人工智能的起源可以再往前追溯。在古希腊，著名的哲学家亚里士多德就提出了三段论，即：人都会死（大前提），苏格拉底是人（小前提），所以苏格拉底会死（结论）。三段论实际上实现了最基本的推理，首先定义大前提和小前提，然后通过推理得到最终的结论。推理是人工智能实现的最基本组成。

1956年8月，在美国达特茅斯学院召开了一个研讨会，在会上约翰·麦卡锡提出了“人工智能”这个新名词。而这个称为达特茅斯会议的研讨会，也因此被记入史册。

当时，约翰·麦卡锡是刚刚博士毕业两年的年轻人，是达特茅斯学院数学系的年轻讲师。他是由数学系的主任克门尼在两年前从普林斯顿大学招募而来的，麦卡锡在求学期间曾受到冯·诺依曼的影响，对计算机实现智能非常感兴趣。

约翰·麦卡锡召集了此次达特茅斯会议，由于没有经费，他和正在IBM公司打工的纳撒尼尔·罗切斯特一起，拉上贝尔实验室的克劳德·香农（信息论的创始人）以及哈佛大学的马文·闵斯基（人工智能与认知学专家），一起向洛克菲勒基金会提交了一个项目申请书，并获得了资助。罗切斯特是IBM公司的第一代通用机701的主设计师，而香农是信息论的创始人，闵斯基开发出了世界上最早的模拟人活动的机器人Robot C，并和麦卡锡共同在麻省理工学院创建了世界上第一个人工智能实验室。麦卡锡又邀请了艾伦·纽厄尔（计算机科学家）、赫伯特·西蒙（诺贝尔经济学奖得主）等科学家参加研讨会，聚在一起讨论一个开创全新时代的课题——怎么样用机器来模拟或实现人类智能。图1.8是当时的主要参会人员合影。

图 1.8　达特茅斯会议主要参会人员（图片来源：iflytek.com）

达特茅斯会议正式的名称是人工智能夏季研讨会（Summer Research Project on Artificial Intelligence）。自此，人工智能（Artificial Intelligence，AI）这个词逐渐被广泛接受和使用。因此，1956 年也被称为是人工智能元年。

艾伦·图灵被认为是人工智能之父，他奠定了计算机逻辑学，而且许多人工智能的基本概念和理论均源自于他，例如著名的图灵机和图灵测试。但是他却无缘看到并参加此次人工智能会议。1954 年，在达特茅斯会议召开前两年，年仅 42 岁的图灵由于不堪忍受世俗的折磨在英国他自己的卧室自杀，而在他床头的茶几上放着一个被咬了几口的注满氰化钾的苹果。

为了纪念艾伦·图灵对计算机科学发展的巨大贡献，美国计算机协会（Association for Computing Machinery，ACM）于 1966 年设立图灵奖。该奖项一年评比一次，以表彰在计算机领域做出突出贡献的人。图灵奖被喻为“计算机界的诺贝尔奖”，这是历史对这位科学巨匠的最高赞誉。

值得一提的是，图灵和麦卡锡（图 1.9）都被称为人工智能之父，图灵提出了让机器拥有“思维”的人工智能全新理论，麦卡锡则提出了“人工智能”这个概念。

人工智能时代从达特茅斯会议开始，发展到现在大致可以分为三个阶段：

第一阶段是 20 世纪 50 年代到 80 年代。在这个阶段，人工智能刚刚诞生，可编程的数字计算机也已被发明出来并用于科学计算和研究，人工智能迎来了第一次繁荣期。但是很多复杂的计算任务还不能被很好地执行，运算能力不足，计算复杂度较高，智能推理实现难度较大，建立的计算模型也存在一定的局限性。随着机器翻译等一些项目的失败，人工智能研究经费普遍缩减，人工智能的发展很快就从繁荣陷入了低谷。

图 1.9　艾伦·图灵与约翰·麦卡锡（由左至右）（图片来源：gamer.com 和 weixin.qq.com）

第二阶段是 20 世纪 80 年代到 90 年代末，人工智能又经历了一次从繁荣到低谷的过程。在进入 80 年代后，具备一定逻辑规则推演和在特定领域能够回答解决问题的专家系统开始盛行，1985 年出现了更强的具有可视化效果的决策树模型和突破早期感知机局限的多层人工神经网络，而日本雄心勃勃的五代机计划也促成了 20 世纪 80 年代中后期 AI 的繁荣。但是到了 1987 年，专家系统开始发展乏力，神经网络的研究也陷入瓶颈，LISP 机（LISP Machine）的研究也最终失败。在这种背景下，美国政府取消了大部分的人工智能项目预算。到 1994 年，日本投入巨大的五代机项目也由于发展瓶颈最终终止，抽象推理和符号理论被广泛质疑，人工智能再次陷入技术突破的瓶颈。

LISP Machine 是在 20 世纪 70 年代初由美国麻省理工学院人工智能实验室的 R. 格林布拉特首先研究成功的。它是一种直接以 LISP 语言的系统函数作为机器指令的通用计算机。LISP 机的主要应用领域是人工智能，如知识工程、专家系统、场景分析、自然语言理解和人机工程等。

第三个阶段是 20 世纪 90 年代末至今。1997 年 IBM 公司的深蓝战胜了国际象棋世界冠军卡斯帕罗夫，把全世界的眼光又吸引回人工智能。并且，随着互联网时代的到来和计算机性能的不断提升，人工智能开始进入复苏期。IBM 公司开始提出“智慧地球”，我国也提出“感知中国”。物联网、大数据、云计算等新兴技术的快速发展，为大规模机器学习奠定了基础。一大批在特定领域的人工智能项目开始取得突破性进展并落地，已经逐渐影响和改变人们的生活和工作。现如今，一个新的时代——人工智能时代已经开启，而我们正处在人工智能爆发的风口上。

1.3 人工智能的研究范式

随着人工智能的不断发展，研究人工智能的理论基础和遵循的实践规范也在不断变化中。这种在研究过程中所遵循的理论基础和实践规范被称为研究范式。人工智能的研究范式通常被分为符号主义、连接主义和行为主义三种，也是现如今人工智能的三大学派，如图 1.10 所示。

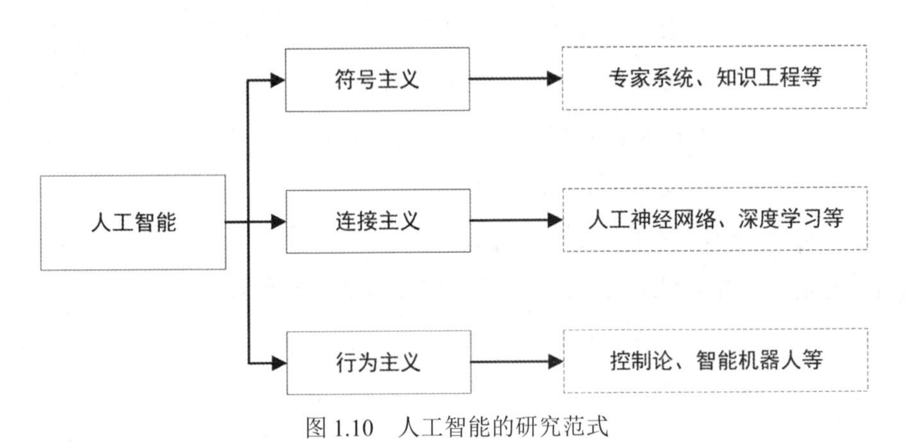

图 1.10 人工智能的研究范式

1. 符号主义（symbolicism）

符号主义认为通过数理逻辑可以模拟人类智能的活动，也被称为逻辑主义（logicism）、心理学派（psychologism）或计算机学派（computerism）。

从人工智能诞生开始，符号主义就占据主流位置。符号主义认为人类的认知过程，就是各种符号进行运算的过程，它把所有的认知都归结为可计算的。知识使用符号来进行表示，认知的过程就是符号处理的过程，而推理就是采用启发式知识及启发式搜索对问题求解的过程。

符号主义要早于计算机的发明，在计算机出现后，使用计算机来实现数理逻辑推理成了一件自然而然的事。最早的可执行的人工智能程序——“逻辑理论家”就是纽厄尔和西蒙在达特茅斯会议期间编写出来的，“逻辑理论家”通过符号逻辑模拟人的思维活动，并成功地证明了一些数学定理。后来又发展了启发式算法→专家系统→知识工程理论与技术，专家系统的成功开发与应用正是基于这一理论体系。

但也有人对符号主义进行批判，认为它所基于的有限公理体系具有本质的局限性；而且符号主义对定理进行证明的过程实际是一种检验验证的过程，在此过程中无法提出新的概念和方法。

2. 连接主义（connectionism）

连接主义通过模拟人脑结构和功能来实现人工智能，也被称为仿生学派（bionicsism）或生理学派（physiologism）。

该学派使用电子装置模拟人脑结构和功能的实现。典型的成果包括1943年生理学家麦卡洛克和数理逻辑学家皮茨创立的MP模型（麦卡洛克——皮茨神经模型）、1982年霍普菲尔德教授提出的用硬件模拟神经网络、1986年鲁梅尔哈特等人提出的多层网络反向传播（BP）算法等。

现在极其火热的深度学习算法也是连接主义的延伸。连接主义认为人工智能的实现就是一种复杂网络的连接，随着样本的学习，网络中的某些节点连接就被不断增强，而另一些节点则会不断地减弱。在训练完成后，通过不同的输入，经过训练模型网络中大量节点连接的并行处理，可以快速得到训练模型的解。

目前的深度学习已使得计算机在某一领域超越人类的智能，例如在国际象棋领域、围棋领域等。但是由神经网络得到的模型对于人类来说是一个黑盒子，也许它能得到一个很好的结果，但是其认知模型和工作机理对于人类来说却是未知的。

3. 行为主义（actionism）

行为主义从控制论发展而来，它认为人工智能的基础是感知加行为的一种反应机制。它应该是一种环境交互行为表现，不需要知识规则和推理。它认为智能通过不同的行为模块与环境进行交互并对应不同的行为。行为主义又称为进化主义（evolutionism）或控制论学派（cyberneticsism）。

行为主义从生物进化的角度来看问题，通过研究低等级生物智能的认识来帮助对人类高层次智能的组织认识。行为主义认为智能不需要知识、不需要表示、不需要推理；人工智能可以像人类智能一样逐步进化；智能行为只能通过在现实世界中与周围环境进行交互作用而表现出来。

人工智能的三大学派从不同的侧面研究了人工智能，见表 1.1。粗略地划分，可以认为符号主义研究抽象思维，连接主义研究形象思维，而行为主义研究感知思维。

表 1.1 人工智能三种研究范式对比

研究范式	知识表达	黑箱	特征学习	可解释性	是否需要大样本	计算复杂性	组合爆炸	环境互动	过拟合问题
符号主义	强	否	无	强	否	高	多	否	无
连接主义	弱	是	有	弱	是	高	少	否	有
行为主义	强	否	无	强	否	一般	一般	是	无

在知识表达方面，符号主义和行为主义的知识表示都要比连接主义强；连接主义通过学习获得特征，它是一种算法模型的黑箱表示；目前在连接主义里，大样本的深度学习已经取得了良好的效果，但同时也会带来过拟合问题；而环境互动则是行为主义特有的。

飞机现在已经成为我们常用的出行工具了，在军事领域飞机的应用更多。飞机的种类也很多，有固定翼飞机、螺旋桨飞机等。但是，为什么飞机不像我们自然界的鸟类或者会飞的昆虫那样飞呢？在古代，人们在身上装上鸟类一样的翅膀，尝试像鸟类一样飞翔。当空气动力学作为一门学科发展起来后，我们知道了飞行的原理。于是，各类飞行器的发展不再像自然界的飞行生物一样了，而是有了自己独特的完全不一样的发展道路。

也许在未来，就如空气动力学的研究对应于飞机的设计实现一样，人工智能的进一步发展则依赖于生物学、脑科学、生命科学、心理学等学科的突破性发展，将生物机理变为可通过计算模拟的模型，到那时，人工智能的发展也许会走出一条完全不同的道路，一种我们这个年代的人完全无法理解和想象的道路。

1.4 人工智能的应用领域

人工智能是一门交叉学科，现在在国内，人工智能正在被申请成为一级学科，以建立自己的学科发展体系，并且已经接近成功。它是随着计算机科学技术发展起来的，目前有多个本科专业包括智能科学与技术，人工智能、机器人工程及智能机器人等与其相关。

实际上，人工智能涉及数学、哲学、心理学、神经学、生物学、仿生学、计算机科学、认知科学、信息论、控制论、自动化、语言学、医学等多门学科，是自然科学与社会科学中多种学科的交叉。

目前，人工智能学科研究涉及的主要内容包括自然语言理解、计算机视觉、知识获取、知识表示、知识处理、自动推理、信息检索、机器学习、智能机器人、自动程序设计等方面。而它的应用也体现在很多领域范围，并且在未来其应用还将更加广泛。下面就按人工智能的应用场景和应用领域范围进行简单的介绍。

1. 智能交通

智能交通系统（Intelligent Traffic System，ITS）是信息技术与交通领域集合应用的产物，智能交通系统通过人、车、路的和谐、密切配合提高交通运输效率，缓解交通阻塞，提高路网通过能力，减少交通事故，降低能源消耗，减轻环境污染。

智能交通系统涉及的范围很广，随着人工智能的发展，包括道路交通控制、公共交通指挥调度、高速公路监控管理、车辆监控管理、自动驾驶与辅助驾驶、自动导航等都在快速发展，包括采用图像识别技术实现的车牌和车型信息的自动识别，对车辆闯红灯、超限超载超速等违规行为进行检测，智慧城市的交通出行监控、调度和管理，车辆的自动驾驶和辅助驾驶，车车、车路、车人的协同交互，提供舒适、安全的交通出行服务等。

2. 互联网应用

在互联网服务中，新型的AR/VR（Augmented Reality/Virtual Reality）服务已开始应用于用户交互和体验中，采用机器学习技术结合用户画像可以实现产品的自动个性化推荐，语义理解和图片分析已应用于网络内容的合规审核与监控。

3. 智能制造

在制造领域，可通过人工智能、先进检测技术和机器人技术实现自动化流水线生产、柔性生产和产品装配、自动检测产品质量，预测维护需求，实现最优化的配送货和仓库管理等。

4. 智能教育

人工智能在教育领域的应用探索是比较早的，现在已实现通过图像识别技术进行试卷的自动批改和自动化识题答题，通过人机交互实现在线答疑，通过语音识别纠正改进发音等。

在校园里，通过课上课下的教育信息平台、慕课课程平台、网络教学平台等多种形式，将老师的教学与学生的学习评测、作业布置批改、试题阅卷、答疑反馈、学生学习程度分析等多种功能，结合人工智能技术，实现学生学习进度和学习评测的大数据分析，有针对性地提出相关建议，为在校学生创造更加个性化和服务于终身学习的智能高效学习环境。并且相关的课程资源和知识资源可以通过网络分享到不发达地区，在一定程度上可以改善教育行业资源分布不均衡和师资匮乏等情况。

5. 智能医疗

和教育领域一样，在医疗领域，通过人工智能技术可以共享发达地区的医疗资源，例如远程会诊、远程手术、辅助诊疗等已促使医疗落后地区能够有机会享受更多更好的医疗资源；电子病历和智能导诊技术帮助减轻医生的工作负担，提高诊疗效率，并提供给患者更方便快捷的服务；影像的智能识别和图像处理应用可辅助医生更快、更准确地判断并给出检测结果；利用知识图谱建立相关疾病和诊疗手段的知识库，以便进行智能决策；利用机器学习方法可分析基因检测数据以快速准确地发现疾病原因或者预防疾病病变。

6. 智能信息处理

在人机交互信息处理领域，智能联想输入法、智能语音输入以及光学字符识别已经成为我们常用信息输入的办法；拍照翻译、语音实时翻译、基于语音合成的文本有声阅读，基于文本理解的新闻稿的智能自动撰写和基于视频技术的自动视频摘要已进入应用层面；在信息检索领域，我们已离不开百度；通过语义理解和情感分析等技术，可进行网络热点分析，实现网络舆情监控和网络热点导向和控制等功能。

7. 智能家居

智能家居主要是基于物联网技术，通过智能硬件、软件系统、云计算平台构成一套完整的家居生态圈。用户可以远程控制设备，设备间可以互联互通，并进行自我学习等，来整体优化家居环境的安全性、节能性、便捷性等。例如通过人脸识别技术实现身份认证；通过语音识别等技术实现与用户的自然交互并完成相关指令；智能安防技术也可与智能家居环境无缝衔接；通过用户画像定制用户的生活喜好和个性化信息推荐服务等。

8. 智能物流

物流行业通过利用智能搜索、推理规划、计算机视觉以及智能机器人等技术在运输、仓储、配送装卸等流程上已经进行了自动化改造，能够基本实现无人操作。例如，利用大数据对商品进行智能配送规划，优化配置物流供给、需求匹配、物流资源等。目前物流行业大部分人力分布在“最后一公里”的配送环节，京东、苏宁、菜鸟等国内主要物流公司都在争先研发无人车、无人机，力求抢占市场。

9. 智能金融

在金融领域，智能投资顾问未来将直接面对客户，通过设定的人性化的流程，结合投资者的年龄、收入、家庭状况、风险偏好及投资意愿等因素，利用人工智能技术将投资策略与用户的投资目标相匹配，确认合适的投资目标，实施全民理财，定制最优资产配置方案，并可自动实现风险预警，但同时也面临用户对机器智能的不信任以及对政策敏感度较弱等限制。

人工智能还可提升金融领域的风险控制能力，例如通过分析用户的登录行为、弱相关数据以及用户数据关系网络等，实现个性化的智能风控，识别出使用传统方式难以识别的欺诈行为。

人工智能还可协助数据分析师对原始数据准确搜索到相关内容并进行海量数据的可视化呈现，实现更精准的金融投资研究分析。

10. 智能安防

通过先进的人工智能技术，例如语音识别、图像识别等，可实现对声纹、人脸、指纹、指静脉、虹膜、步态等多种特征进行身份识别，目前最常见的是指纹、人脸和虹膜的生物特征识别。

采用计算机视觉技术可实现对各种监控视频的智能分析，这个过程也被称为视频结构化，通过智能分析实现对行人、车辆等关键目标的监测、跟踪与分析，也可通过人脸识别技术进行罪犯特征对比，筛选出犯罪嫌疑人。

通过对关键区域布置视频监控，可划分监控区域实现目标监控，实现运动目标轨迹跟踪、贵重物品布防、虚拟警戒线、嫌疑人徘徊检测、火灾烟雾检测等安防功能。

1.5 小结

人工智能时代已经来临，随着各种各样的应用落地，它将越来越多地、潜移默化地改变我们的工作、生活、学习和思考的模式，这是人类历史发展必然要经历的阶段，既然不能阻挡，就让我们拥抱这个时代的到来吧。

第 2 章　基本分类

现在的机器是怎样实现人工智能的呢？机器学习是目前采用的最基本的方法。

机器学习实际上是一系列的算法，通过算法可以让计算机学习到数据中的规律，并可以根据学习到的规律从新的数据中获取有用的信息。

如果我们事先已经把数据分门别类了，然后把这些带有类别说明的数据让计算机去学习，计算机可通过学习找到数据中的分类规律。当我们给出一组新的数据时，计算机就可以通过找到的分类规律对未知的数据进行识别预测，给出预测结果，我们称之为分类。

2.1　分类的概念

图 2.1 是两种几何图形游戏积木，它们在一个大的几何体上有不同形状的孔，另有不同形状的小几何体，如果选择了正确的小几何体（进行拼接）和正确的穿入方向，则可以把小几何体穿过这些孔。年轻的父母很早就会给幼儿买此类玩具，以帮助幼儿建立空间的概念并认识几何形状。实际上，幼儿对这些小几何体的形状和孔的形状的认识就是一种最基本的分类。

分类在我们的生活中随处可见，在家里，我们要阅读文字、听懂别人说的话，查看各种信息；在厨房，我们要区别各种水果、蔬菜，辨别各种调味品；出门后，我们需要识别红绿灯，区分道路、车辆和行人，识别各种交通标志；在超市里，我们要区分识别各种商品、对它们进行归类、查看它们的标签和价格等。以上这些智能活动，都可以使用分类来实现，可以说，分类是智能表现最基本的一种方式。

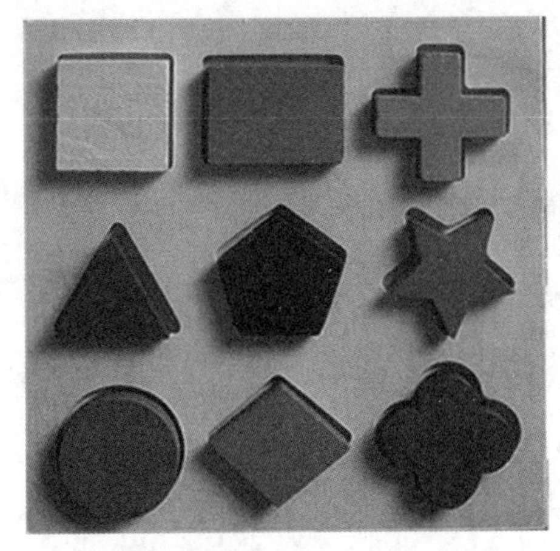

图 2.1 几何分类游戏积木

那么，如何使用人工智能算法进行分类呢？为了简单起见，我们先讨论二分类问题，也就是只有两种分类的问题，不是 A 就是 B。即根据所提供的数据信息，来判断它属于哪一种类别。例如对于以上的游戏积木，其中一个小正方体，采用二分类就是判断它是正方体或者不是正方体的问题。

在计算机的世界里，不论是看到的文字、图片或者是视频，还是听到的声音，都是以二进制的数据来进行存储和表示这些信息的，人工智能所要处理的信息就是这些二进制数据。

在进行分类前，需要先引入样本的概念。在计算机里，对于某一种物体的描述是使用特征数据来体现的，这些特征数据被事先整理好，存放在文件里，对于实际观测或者检测某一类物体中个体所表现的特征数据被称为样本。

下面我们通过举例来说明这几个概念。

在人工智能领域，有一个经典的分类实验数据集，它是对 3 种鸢尾花的 4 类特征进行记录的数据集，一共有 150 个数据记录，每种鸢尾花有 50 个记录，我们称之为“IRIS 鸢尾花数据集”。

鸢尾花是一种常见的草本植物，它的花瓣就像是鸢鸟的尾巴，因此被称为鸢尾花。

鸢尾花原产于中国和日本，传说法兰西王国第一个国王克洛维在接受洗礼的时候，上帝把鸢尾花赠予他作为礼物，因此，法国人把鸢尾花作为国花，认定它是光明和自由的象征。

著名印象派画家梵高的名作《鸢尾花》（图 2.2）被视为世界上十大最昂贵的画作之一。

图 2.2　自然界中的鸢尾花和梵高的画作《鸢尾花》

鸢尾花的名字爱丽丝（iris）在希腊语中是“彩虹”的意思。在希腊神话里爱丽丝是彩虹女神，其职责是把善良之人死后的灵魂，通过天地之间的彩虹桥带往天国。直到现在，希腊人依然经常在墓地栽植这种花，期望人死后的灵魂可以委托爱丽丝带往天国。

IRIS 鸢尾花数据集是在加拿大加斯帕半岛上采集得到的。这些数据是在同一天的同一个时间段，使用相同的测量仪器，在相同的牧场上由埃德加·安德森测量并记录获得的。

该数据集在著名的统计学家和生物学家罗纳德·费希尔于 1936 年发表的经典文章中被使用，将其作为一种线性判断分析的一个例子。由于 Fisher 分类器是二分类算法中最基本和最经典的分类器之一，因此该数据集在机器学习领域广为人知。

鸢尾花的品种很多，全世界大概有 300 多个不同的品种。在 IRIS 鸢尾花数据集中，涉及其中 3 个品种的鸢尾花，即山鸢尾（iris Setosa）、变色鸢尾（iris Versicolour）和弗吉尼亚鸢尾（iris Virginica）。这 3 种不同的鸢尾花在花瓣和萼片的长度和宽度上有明显的不同。

Anderson 采集测量了 150 朵鸢尾花的花瓣和花萼的数据。对于上述 3 种品种的鸢尾花，每一个品种都采集了 50 朵花的数据。每朵花的数据由 4 个数值组成，这四个数值是分别通过测量花萼的长度和宽度，以及花瓣的长度和宽度获得的。

在这个数据集中，每朵花的数据构成了一个样本。每个样本的数据被称为一条数据记录。数据记录中的数值被称为特征。也就是每个样本由4个特征数据组成。

具体到IRIS数据集中，我们来看看这些数据是怎么排列的。鸢尾花数据集是一个txt文本文件，可以使用Windows自带的写字板或者其他任何文本编辑器来打开它。打开后可以看到整个文件由150行数据构成，图2.3所示为其中的六行数据样本。

```
4.6,3.2,1.4,0.2,Iris-setosa
5.3,3.7,1.5,0.2,Iris-setosa
5.0,3.3,1.4,0.2,Iris-setosa
7.0,3.2,4.7,1.4,Iris-versicolor
6.4,3.2,4.5,1.5,Iris-versicolor
6.9,3.1,4.9,1.5,Iris-versicolor
```

图2.3 鸢尾花IRIS数据集

每一行数据通过逗号‘,’被分为5个数据，最后一个数据是一个字符串，用来说明前面这4个数值描述的是什么类型的鸢尾花，也就是对鸢尾花分类的标注（annotation）。人工给数据标上真实的类别标签的过程称为标注，标注的特征字段被称为特征标签。

对于每一行数据，使用逗号隔开的前4个数据为数值，把这4个特征数据拿出来，用小括号括起来，即表示为(4.6,3.2,1.4,0.2)，这种数值排列形式在数学中被称为向量（vector）。

由特征数据组成的向量被称为特征向量（feature vector）。

在向量中数值的个数被称为向量的维度（dimension），例如上面所举的样本特征向量的例子(4.6,3.2,1.4,0.2)表示的就是一个四维向量。

如果我们只取其中的花萼的长度和宽度两个特征，例如(4.6,3.2)，则组成的是一个二维特征向量。对于二维特征向量，可以把其直接投影映射到一个二维平面坐标系来直观表示特征所在位置，每一个特征在平面坐标系里是一个特征点（feature point），如图2.4所示，该二维空间称为鸢尾花IRIS数据集中花萼长度与宽度的特征空间。把这种映射方式扩展到n维空间中，把n维特征与n维空间联系起来，该空间就被称为特征空间（feature space）。

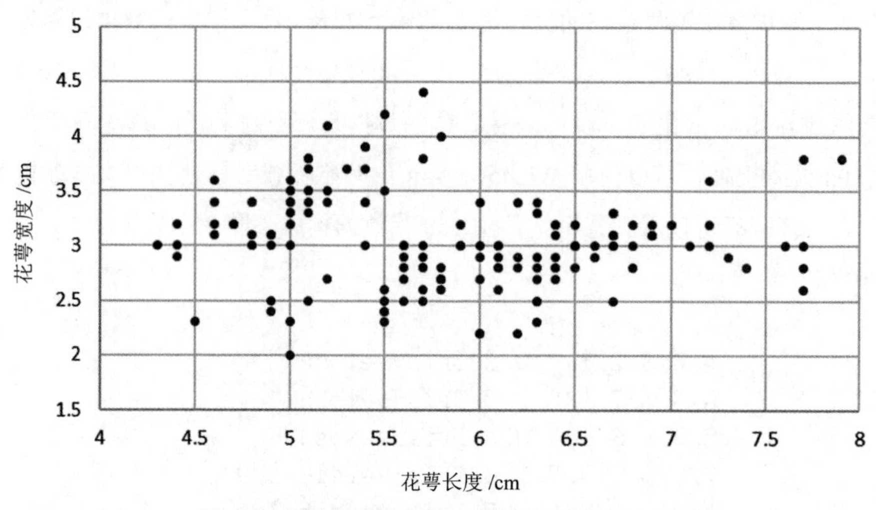

图 2.4　鸢尾花花萼长度与宽度的二维特征空间映射

样本特征的选择是非常重要的，例如在上面的示例中，选择了花萼的长度和宽度，以及花瓣的长度和宽度作为样本特征。在实际应用中，可能会选择更多种类的特征，例如植株的高度、叶片的宽度和长度、叶片边缘的花纹、花瓣和花萼的颜色等显性特征来作为样本特征。也有可能会采用一些我们无法理解的数据特征进行描述，例如通过现在非常流行的深度学习算法训练出来的特征数据。采用不同的特征数据会对分类算法分类结果的准确性产生极大的影响。

2.2　向量的基本运算

在基本分类中，目标物的特征是基于向量进行存储和计算的，下面介绍一些向量的基本概念和基本运算，以方便对后续内容的理解。

回头再看鸢尾花数据集中的四个特征数据 (4.6,3.2,1.4,0.2)，这就是一个四维向量。

在数学中，向量具有两个特征，一个是数值，一个是方向，可以把它理解为一个带方向的数值。因此，我们把它形象化地表示为带箭头的线段，如 $\overrightarrow{AB}$。该线段的长度代表向量的大小，也称为是向量的模，记作 $|a|$，箭头所指代表向量的方向。

向量也可以使用矩阵来表示：

$$\boldsymbol{a}=\begin{bmatrix}x_1\\y_1\end{bmatrix}$$

有一个特殊的向量是零向量，零向量的长度为 0，也使用“0”来表示。零向量的起点和终点是重合的，其方向不确定，或者说零向量的方向为任意方向。

向量有一些基本的运算规则。在这里简单介绍一下向量的加、减、数乘、点积及向量积的运算。

设有两个向量 $\vec{a}=(x_1,y_1)$　$\vec{b}=(x_2,y_2)$，则有式（2.1）：

$$\vec{a}+\vec{b}=(x_1,y_1)+(x_2,y_2)=(x_1+x_2,y_1+y_2) \tag{2.1}$$

同理，有式（2.2）：

$$\vec{a}-\vec{b}=(x_1,y_1)-(x_2,y_2)=(x_1-x_2,y_1-y_2) \tag{2.2}$$

具体举例如下：

$$(1,2)+(3,4)=(1+3,2+4)=(4,6)$$
$$(1,2)-(3,4)=(1-3,2-4)=(-2,-2)$$

向量的加减法满足以下规律，即式（2.3）至式（2.5）：

$$\vec{a}+\vec{b}=\vec{b}+\vec{a} \tag{2.3}$$

$$(\vec{a}+\vec{b})+\vec{c}=\vec{a}+(\vec{b}+\vec{c}) \tag{2.4}$$

$$\vec{a}+(-\vec{b})=\vec{a}-\vec{b} \tag{2.5}$$

一个向量可以与一个实数相乘，其结果为向量中的每个数与该实数相乘，如式（2.6）所示。

$$\lambda\vec{a}=\lambda(x_1,y_1)=(\lambda x_1,\lambda y_1) \tag{2.6}$$

具体举例如下：

$$3\times(1,2)=(3,6)$$

两个相同维数的向量可以相乘，被称为向量的点积，其结果为对应的两个向量的数值相乘并求和，如式（2.7）所示。

$$\vec{a}\cdot\vec{b}=(x_1,y_1)\cdot(x_2,y_2)=x_1\times x_2+y_1\times y_2 \tag{2.7}$$

具体举例如下：

$$(1,2)\cdot(3,4)=1\times3+2\times4=3+8=11$$

2.3 分类器

分类是数据挖掘的一种非常重要的方法。分类的概念是在已有数据的基础上学会一个分类函数或构造出一个分类模型 [即通常所说的分类器（classifier）]，如图 2.5 所示。该函数或模型能够把数据库中的数据记录映射到给定类别中的某一个，从而可以应用于数据预测。总之，分类器是数据挖掘中对样本进行分类的方法的统称，包含决策树、逻辑回归、朴素贝叶斯、神经网络等算法。

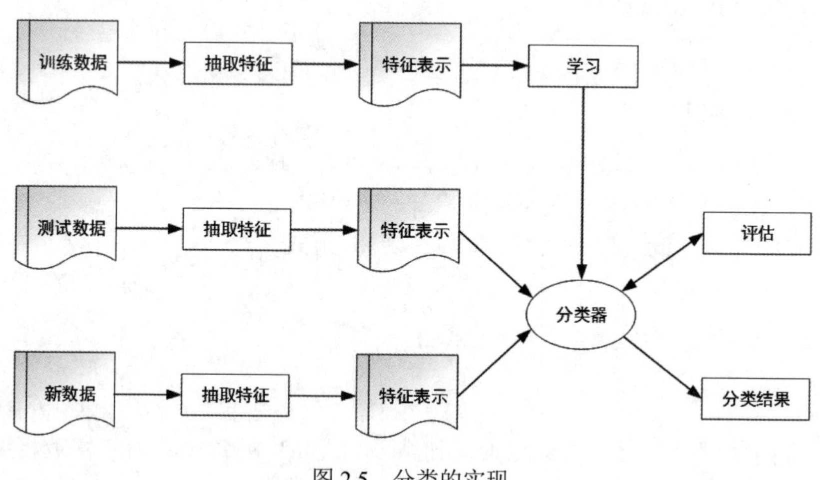

图 2.5　分类的实现

在实际使用中，对于样本数据需要把它们分成两个不同的集合：一个集合被称为训练数据集（train set），用于通过算法训练获得分类器模型；另一个被称为测试数据集（test set），用于测试分类器模型的分类效果。

实际上，图 2.4 所表示的特征空间由 150 个样本数据构成，按鸢尾花种类可以分成三类，按类别分别表示的话可以使用图 2.6 表示，分别为 setosa（山鸢尾）、versicolor（变色鸢尾）和 virginica（弗吉尼亚鸢尾）。

在鸢尾花的例子中，实际上是一个三分类问题，为了简化讨论，在这里只把山鸢尾和变色鸢尾两种鸢尾花数据取出来，如图 2.7 所示，这样该问题就转化为一个线性二分类问题，以便于理解。

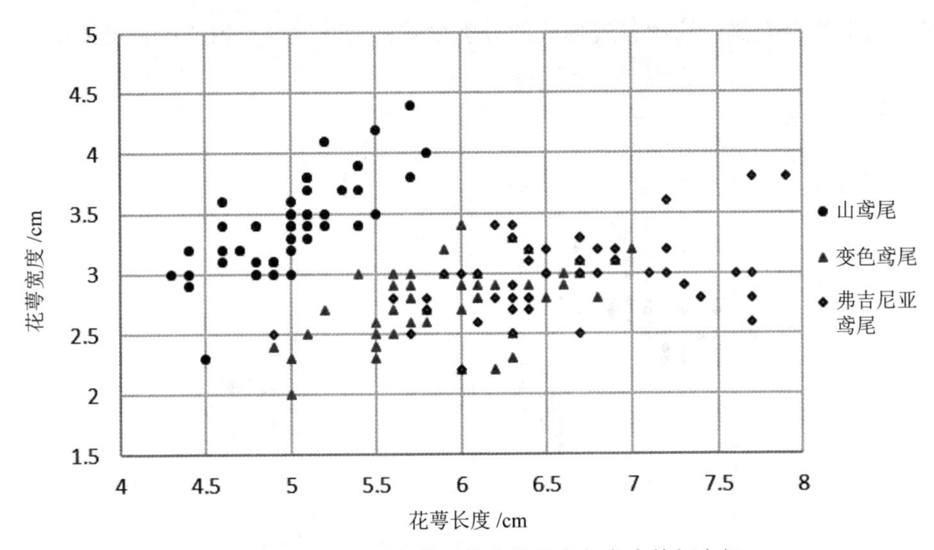

图 2.6 三种不同种类鸢尾花花萼长度与宽度特征空间

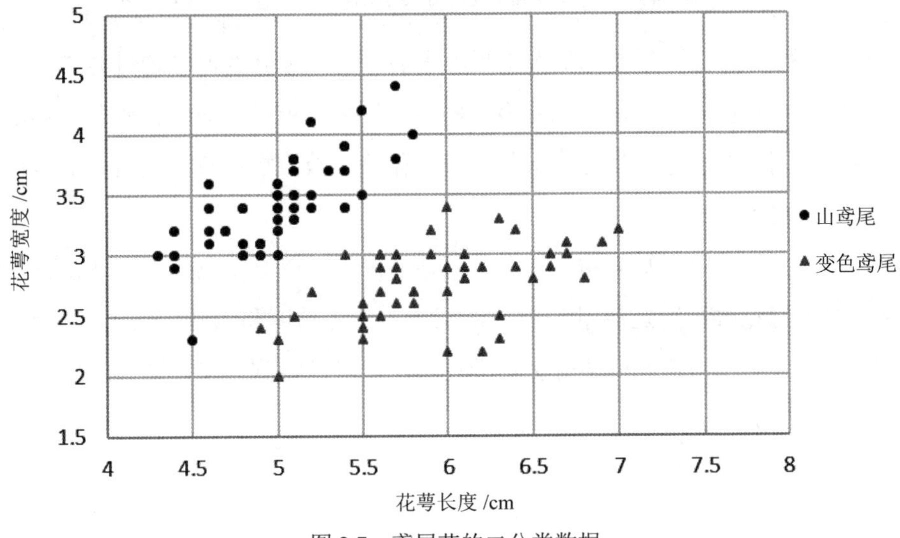

图 2.7 鸢尾花的二分类数据

实际上要实现这两种鸢尾花的区分，就是在图 2.7 中找出这么一条直线或者曲线，把不同颜色形状表示的鸢尾花种类分开，在计算机中需要确定一个函数来表示这条直线或者曲线，该函数就是所谓的分类器。

如图 2.8 所示，在图 2.7 中增加了一条直线，该直线把左上角代表山鸢尾和变色鸢尾的样本数据在特征空间中分开了，该直线可以写成一个直线方程函数，该函数即为分类器。这种直线形式的分类器被称为线性分类器（liner classier）。

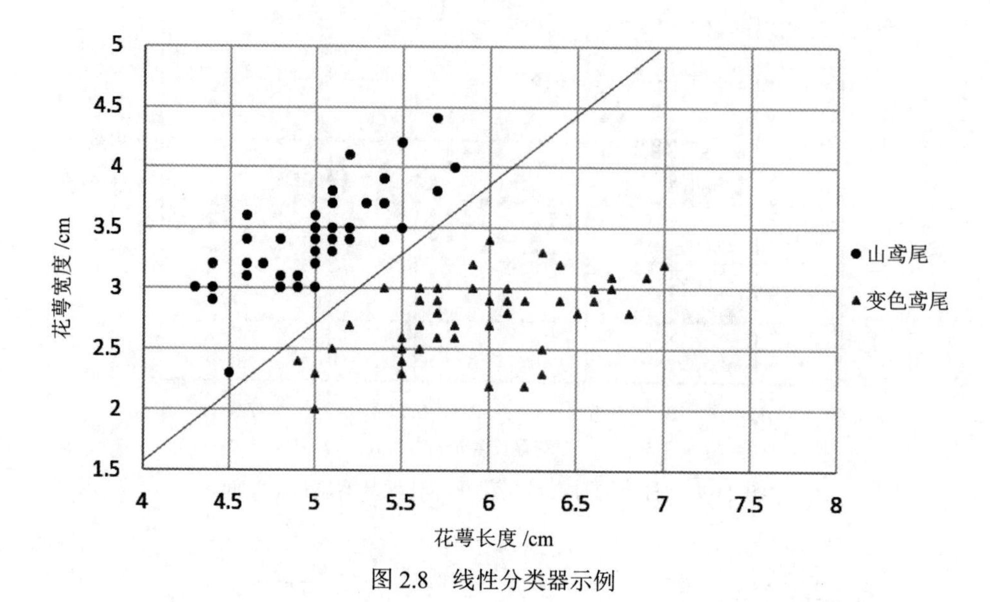

图 2.8　线性分类器示例

图 2.8 所示的这个分类器是人工画出来的，而实际分类器是通过样本数据训练获得的。在获得分类器后，如果有新的样本过来，把样本数据代到分类器函数中，就会得到一个数值，把这个数值和分类器分类数值相比较，就可以对该样本数据进行分类了。

使用这种方式对未知样本进行分类。通俗地说，在这个例子里，就是当拿到一朵新的鸢尾花时，通过测量获得该鸢尾花的花萼长度和宽度这两个特征数据，并把该特征数据作为上面所述分类器的输入，就可以得到结果，即该鸢尾花是不是属于山鸢尾类型。

2.4　分类识别技术

图 2.8 给出了一个线性分类器，这个分类器是手动画了一条直线获得的函数。和线性分类器对应的是非线性分类器，它在二维空间对应的是一条曲线。实际上，分类器的生成是通过算法实现的，不同的算法获得的分类器效果也不同。在这里介绍两种经典的分类器获取算法。

2.4.1 感知机

如果两类数据能够用一条直线分开，就称为线性可分。感知机就是这样一种线性分类器，它也是最简单的一种人工神经网络，是一个单层的神经网络。尽管结构非常简单，但是感知机能够学习并解决相当复杂的问题。

感知机是一种最简单的单层神经网络模型，它通过模拟我们大脑的神经元（也称为神经细胞）细胞行为来处理线性可分的模式识别问题。

1. 生物神经元

在介绍感知机之前，先了解一下生物神经元基本结构。

如图2.9所示，神经元也称为神经细胞，它由一个细胞体（soma）、一些树突（dendrite）、和一根可以很长的轴突组成。树突由细胞体向各个方向长出，本身可有分支，是用来接收信号的。轴突也有许多的分支。轴突通过分支的末梢（terminal）和其他神经细胞的树突相接触，形成所谓的突触（synapse），一个神经细胞通过轴突和突触把产生的信号送到其他的神经细胞。

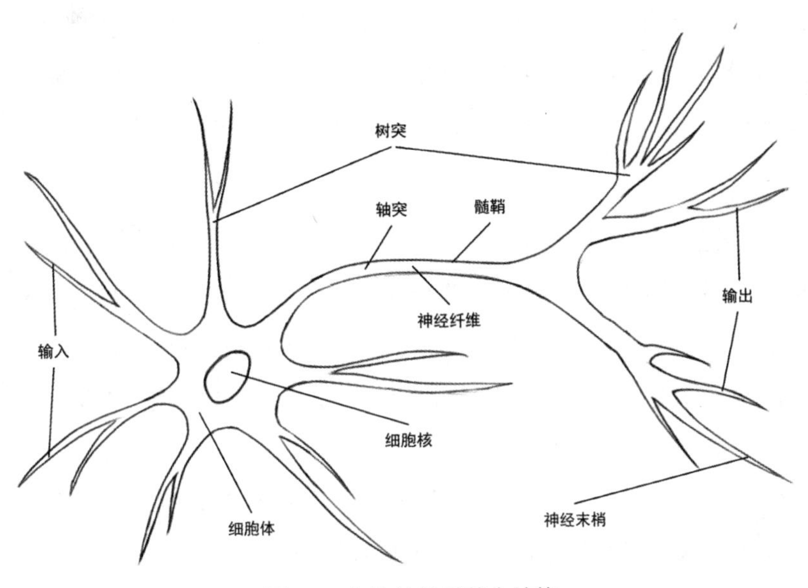

图2.9 生物神经元基本结构

树突和轴突都属于突起，树突有多条，其特点是短而呈树枝状分布。

轴突的特点是长而且较少有分枝，一个神经元有一条轴突。

轴突和包裹在其外的髓鞘被统称为神经纤维，神经纤维末梢分布于生物的组织器官内，人体的肌肉运动、触觉等都是神经纤维末梢在起作用。

神经末梢总体可分为两类：一类是感觉神经末梢，形成生物的各种感受器；另一类是运动神经末梢，分布在生物的骨骼肌肉，形成运动终极。

神经元存在两种状态，一种是未激活状态，另一种是激活状态。

神经元与其他部分神经元相互连接，并接收从其他神经元传来的信号和突触的强度变化，突触的强度变化表示一种抑制或者加强状态。当这种外来的信号及强度变化总量超过某一个极限（阈值，*threshold*）时，神经元就会从未激活状态转为激活状态。激活状态下神经元会产生电脉冲，电脉冲沿突起传递给其他神经元或传递到神经纤维末梢。

实际上，大脑的神经元细胞有多种不同的形态，神经末梢和细胞体可以在不同的位置组合。

人脑的记忆就是通过这些神经元细胞构成的复杂神经元网络，通过不同神经元之间的网络连接和神经元细胞的反应特性，使得我们的大脑在每次输入相同的信息时，都会有相同的输出，这就是最基本的记忆机理。我们眼睛看到的、耳朵听到的各种自然界的信息都被大脑编码成为电信号和化学信号在神经元之间进行传输，神经元之间不同的连接位置及不同的连接强度就构成了记忆的类型和强度。

2. MP 模型

1943 年，基于生物神经元的工作状态，美国的神经生理学家沃伦·麦卡洛克和当时高中都没毕业的沃尔特·皮茨发表了神经网络的开山之作，提出了利用神经元网络对信息进行处理的数学模型，这是最早的人工神经元模型，也被人称为 MP 模型。其结构如图 2.10 所示。

可以看出 MP 模型使用简单线性加权方式来模拟人类神经元处理信号的过程。其中 I 为输入，W 为权重，其性能的好坏取决于权重的确定。

3. 感知机模型

MP 模型需要手动调整权重参数，工作量大而且效果不好。感知机对 MP 模型进行了改进，可以自动优化对权重进行改进。

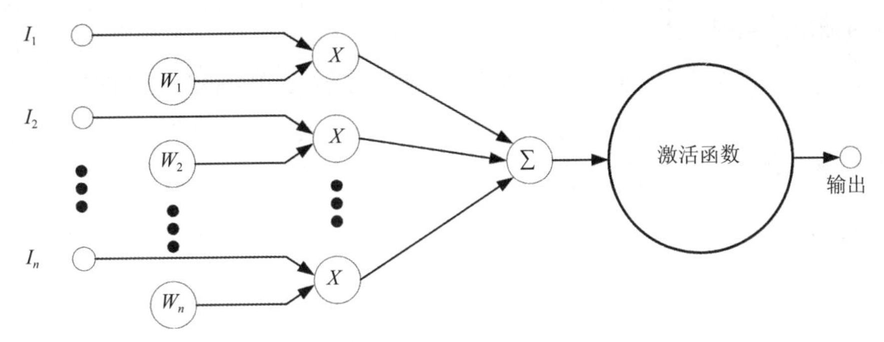

图 2.10 人工神经元 MP 模型

一个感知机就可以表示一个神经元，神经元的突触在感知机里被称为权重（weight），细胞的状态通过设计使用激活函数（Activation Function）来模拟。

如图 2.11 所示，感知机的输入是一个数据序列 $x_1,x_2,\cdots,x_n$，输出是一位二进制数，也就是输出表示是两个状态，“是”或者“不是”。

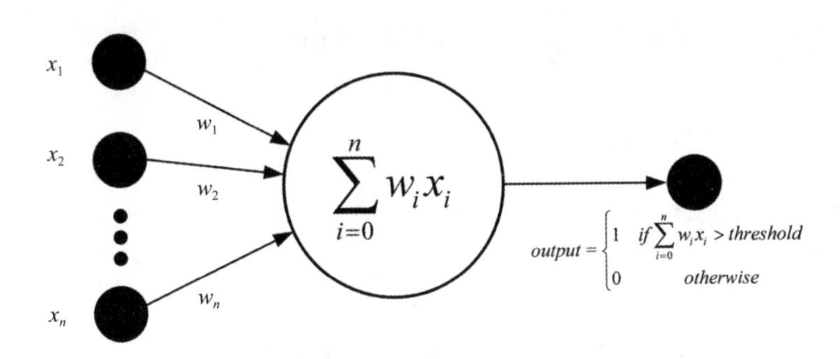

图 2.11 感知机模型

也许是因为我们有十个手指，我们在日常生活中常用的是十进制，十进制使用数字 0～9 表示数值，它的基数是 10。当表示大于 9 的数就使用进位，也就是进位的时候是“逢十进一”，当数值不够的时候就可以借位，借位的时候是“借一当十”。

二进制是在计算机中常用的数值表示方式，二进制数据是用 0 和 1 两个数值来表示的数，它的基数为 2。和十进制相对应，二进制在进位的时候是“逢二进一”，借位的时候是“借一当二”。

感知机对输出计算制定了一套简单的规则，它对每一项输入设定权重（weight），x_1 对应的权重是 w_1，x_2 对应的权重是 w_2，权重使用一个实数来表示各输入对输出的重要程度。

在感知机模型中，有向箭头用来表示连接，这种连接表达的是值的加权传递，连接的输入端为传递的信号初始值，连接为一种加权连接，因此在第 i 个连接的末端信号的大小就变成了 w_ix_i。

图中的希腊字母 Σ 是求和符号，表示对一个序列数值进行相加。例如有这么一个数值序列，使用 $(x_1,x,\cdots,x_n)$ 表示，则 $\sum_{i=1}^{n} x_i$ 表示对 x 的下标从 1 开始一直数到 n，将 x_1 到 x_n 相加，即如式（2.8）所示。

$$\sum_{i=1}^{n} x_i = x_1 + x_2 + \cdots x_n \tag{2.8}$$

例如，我们想计算 1+2+3+…100，就可以使用这个符号直接写成 $\sum_{i=1}^{100} i$，符号 Σ 下面的 i=1 表示变量 i 从 1 开始，每次增加数值 1，直到符号 Σ 上面的数值 100，对变量 i 进行累加。即 $\sum_{i=1}^{100} i = 1+2+3+\cdots+100$。

通过计算每项输入的加权和 $\sum_{i=0}^{n} w_ix_i$ 判断其是否大于某一个阈值，阈值也通过实数表示，如果大于就输出 1，如果小于等于就输出 0。感知机模型的输出可使用式（2.9）表示。

$$output = \begin{cases} 1 & if \sum_{i=0}^{n} w_ix_i > threshold \\ 0 & otherwise \end{cases} \tag{2.9}$$

感知机需要训练集数据来逐步调整分类器的参数，参数主要有两个，权重和偏置，通常使用 w 和 b 表示，则感知机函数可以写成式（2.10）：

$$f(x) = sign(wx + b) \tag{2.10}$$

在式（2.10）中，$sing()$ 函数实际上就是感知机的输出，定义如式（2.11）所示。

$$sign(x) = \begin{cases} 1 & x \geqslant 0 \\ -1 & other \end{cases} \tag{2.11}$$

感知机在工作中是不断调整的，最开始先随机确定分类直线，然后从训练集中选取一个训练数据，如果这个训练数据被误分类，则按照一定规则更新参数，使得该训练数据被正确分类，如此循环，直到训练数据中没有误分类数据为止。

对应到式（2.10）中，就是要确定最佳的 w 和 b 的取值，找到这样一条最佳直线 $y = wx+b$ 把图中的两类点分离开。为了确定 w 和 b 的最佳取值，需要引入一个称为损失函数的定义，如式（2.12）所示。

$$E(a,b) = -\sum_{i=1}^{n} y_i(wx_i + b) \tag{2.12}$$

损失函数的定义就是上面所说的更新参数的规则，这样就把感知机学习问题转化为在损失函数下求解 w 和 b 的最优化问题。损失函数也称为代价函数或者误差函数。如果只考虑最优化问题的话，有很多方法可以求解，比如梯度下降法（Gradient Descent）、共轭梯度法（Conjugate Gradient）等。

本书所选取的最优化方法是梯度下降法。

这个最优化问题就是怎么对 w 和 b 进行更新，具体更新方式如式（2.13）所示。

$$\left.\begin{array}{r} w+\eta y_i x_i \rightarrow w \\ b+\eta y_i \rightarrow b \end{array}\right\} \tag{2.13}$$

其中 η 被称为学习率（Learning Rate），也被称为步长，即表示每一次更新参数的程度大小。

对应到图像中，w 实际体现的是旋转的变化，b 实际体现的是平移的变化，η 表示变化量大小的系数。

w 和 b 具体什么时候更新呢？当在训练集中选取到一个错误分类点 (x_i,y_i) 时就需要更新了。

总结以上所述，感知机训练过程的具体步骤如下：

第一步：随机选取 w 和 b 的初始值 w_0 和 b_0。

第二步：在训练集中选取一个训练数据，如果该数据分类错误，则按式（2.14）所表示的规则更新参数：

$$\left.\begin{array}{r} w+\eta y_i x_i \rightarrow w \\ b+\eta y_i \rightarrow b \end{array}\right\} \tag{2.14}$$

第三步：以最新的 w 和 b 将样本重新进行分类，重复第二步，再找一个数据分类错误样本，利用上式对 w 和 b 再次进行更新。如此重复进行下去，不断地修正 w 和 b，直到所有的数据都被正确地分类。

感知机被称为单层神经网络，但实际上它有两个层次，一个是输入层一个是输出层。输入层中包含多个输入单元，输入单元只负责传递数据，输出层则包含输出单元，输出单元需要对输入层的数据进行计算。需要计算的层次也被称为计算层，因为感知机只包含一个计算层，因此它被称为单层神经网络。有的文献把输入层和输出层作为两层，因此也会把感知机称为两层神经网络。不管是单层还是两层，其本质都是一样的，只是说法不同。

2.4.2 导数与微分

因为在后面要介绍的梯度下降法中要用到方程求导数和微分的知识，下面先介绍一下在数学中导数和微分的相关概念和知识。

1. 导数

导数是函数图像在某一点处的斜率，也就是纵坐标增量（Δy）和横坐标增量（Δx）在 $\Delta x \to 0$ 时的比值。

导数是函数的局部性质。一个函数在某一点的导数描述了这个函数在这一点附近的变化率。如果函数的自变量和取值都是实数的话，函数在某一点的导数就是该函数所代表的曲线在这一点上的切线斜率。导数的本质是通过极限的概念对函数进行局部的线性逼近。例如在运动学中，物体的位移对于时间的导数就是物体的瞬时速度。

不是所有的函数都有导数，一个函数也不一定在所有的点上都有导数。若某函数在某一点导数存在，则称其在这一点可导，否则称为不可导。然而，可导的函数一定连续，不连续的函数一定不可导。

对于可导的函数 $f(x)$，其导数也是一个函数，称作 $f(x)$ 的导函数（简称“导数”）。寻找已知的函数在某点的导数或其导函数的过程称为求导。实质上，求导就是一个求极限的过程，导数的四则运算法则也来源于极限的四则运算法则。反之，已知导函数也可以倒过来求原来的函数，即不定积分。微积分基本定理说明了求原函数与积分是等价的。求导和积分是一对互逆的操作，它们都是微积分学中最为基础的概念。

表 2.1 给出了部分常用初等函数的导函数计算公式。

表 2.1 常用初等函数的导函数

函数名称	原函数	导函数
常函数	$y = c$	$y' = 0$
指数函数	$y = a^x$	$y' = a^x \ln a$
	$y = e^x$	$y' = e^x$
幂函数	$y = x^n$	$y = nx^{n-1}$
对数函数	$y = \log_a x$	$y' = \dfrac{1}{x \ln a}$
	$y = \ln x$	$y' = \dfrac{1}{x}$
正弦函数	$y = \sin x$	$y' = \cos x$
余弦函数	$y = \cos x$	$y' = -\sin x$
正切函数	$y = \tan x$	$y' = \sec^2 x$
余切函数	$y = \cot x$	$y' = -\csc^2 x$
正割函数	$y = \sec x$	$y' = \sec x \tan x$
余割函数	$y = \csc x$	$y' = -\csc x \cot x$
反正弦函数	$y = \arcsin x$	$y' = \dfrac{1}{\sqrt{1-x^2}}$
反余弦函数	$y = \arccos x$	$y' = -\dfrac{1}{\sqrt{1-x^2}}$
反正切函数	$y = \arctan x$	$y' = \dfrac{1}{1+x^2}$
反余切函数	$y = \operatorname{arccot} x$	$y' = -\dfrac{1}{1+x^2}$
双曲线函数	$y = \operatorname{sh} x$	$y' = \operatorname{ch} x$

2. 微分

微分是指函数图像在某一点处的切线在横坐标取得增量 Δx 以后，纵坐标取得的增量，一般表示为 dy。

设 Δx 是曲线 $y = f(x)$ 上的点 M 的在横坐标上的增量，Δy 是曲线在点 M 对应 Δx 在纵坐标上的增量，dy 是曲线在点 M 的切线对应 Δx 在纵坐标上的增量。当

$|\Delta x|$ 很小时，$|\Delta x-dy|$ 比 $|\Delta x|$ 要小得多（高阶无穷小），因此在点 M 附近，我们可以用切线段来近似代替曲线段。

如果函数有多个变量，则该函数可以对每个变量求微分。

2.4.3 梯度下降法

最优化是在机器学习中面临的最基本的问题，它是指在一定条件限制下，选取某种研究方案使目标达到最优的一种方法。

梯度下降法是在机器学习中用到的最常见的一种最优化方法。在 2.4.1 感知机损失函数的最优化过程就是梯度下降法的具体应用，本小节对梯度下降法进行详细介绍。

梯度下降法包含多种不同的算法，有批量梯度算法、随机梯度算法、折中梯度算法等。对于随机梯度下降算法而言，它通过不停地判断和选择当前目标下最优的路径，从而能够在最短路径下达到最优的结果。

梯度下降法可以看作一个人下山的过程，如图 2.12 所示。

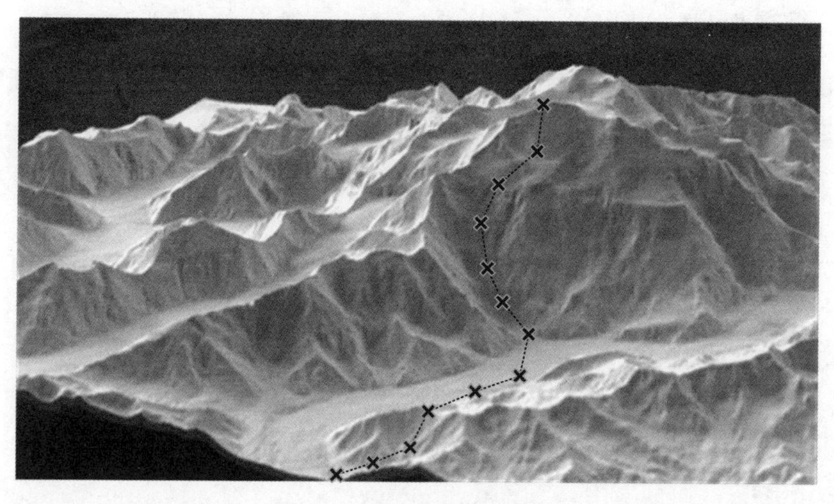

图 2.12　梯度下降法示意图

假设一个人在山顶，需要下到山底，在其 360° 的方向可以有 n 条路径通往山底。但是，由于山中林密雾浓，他无法看到山坡的走向和周围的环境，如果要找一条最短的下山路径，他只能通过自己周围的信息来确定。梯度下降法就是以此人当前的位置为准，寻找周围山坡最陡峭的方向（梯度方向）下山。在走过一段距离（步长）之后，再次迭代上面的过程。即再次寻找周围山坡最陡峭的地方下山。这样不断重复上面的过程，最后就能成功抵达山谷[6,7]。

为什么要找最陡峭的地方下山呢？在算法里，我们关注的不是下山是否安全，而是怎样在最短的时间里准确下到山底，这样的路径被称为局部最优路径。

对应上述下山的过程，式（2.12）所定义的损失函数就可以看作这座山，损失函数的最小值就是这座山的山底，最陡峭的方向就是梯度方向，每一次确定最陡峭方向后走过的距离就是步长。

通过上述过程的重复迭代，就可以求得从山顶到山底的局部最优路径。

所以，对于梯度下降法实际上涉及三个参数：出发点、方向和步长。其中，出发点为初始化的内容，方向和步长是梯度下降法的两个关键参数，确定这两个参数的不同算法就构成了不同类型的梯度下降算法，但这些算法的本质都是相通的。

梯度实际上是一个向量，求梯度实际上就是对损失函数中的每个变量求微分，然后每个微分作为一个向量的元素，最后得到的向量即为梯度向量。该向量的方向被称为梯度方向，即指出了函数在给定点的上升最快的方向。而梯度的反方向就是函数在给定点下降最快的方向，这正是我们要找的方向。

梯度下降法的原理已经明白了，那么在感知机中，它是怎样工作的呢？

对于计算机来说，它一开始并不知道感知机的结果是什么，所以在一开始，它会随机生成初始参数，画出来一条直线，然后不断地旋转和平移这条直线。

如果把直线方程设定为 $y = wx+b$，也就是我们要寻找的感知机的最优结果，其中 w 表示直线的斜率，b 表示直线在 y 轴上的截距。

如果把 w 和 b 作为变量进行变化，我们就可以看到 w 控制了直线的旋转，b 控制了直线的平移，w 和 b 结合就可以获得各种不同旋转角度和平移量的直线。

梯度下降法通过迭代，不断地修改 a、b 这两个参数值，每一次迭代都会使误差小一点，直到使最终的误差达到最小（小于设定的阈值）。

图 2.13 ～图 2.16 给出了旋转迭代过程的示意图，实际上还有一个平移量参与运算，在图中没有体现出来。

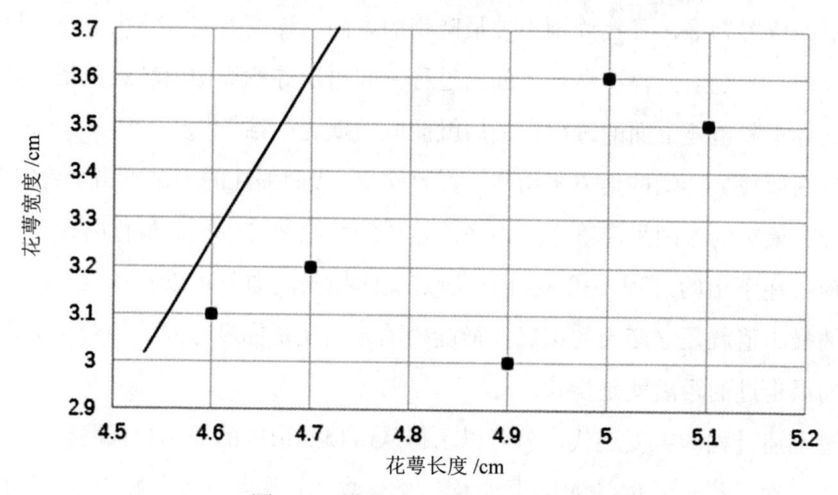

图 2.13　线性回归旋转迭代过程 step 1

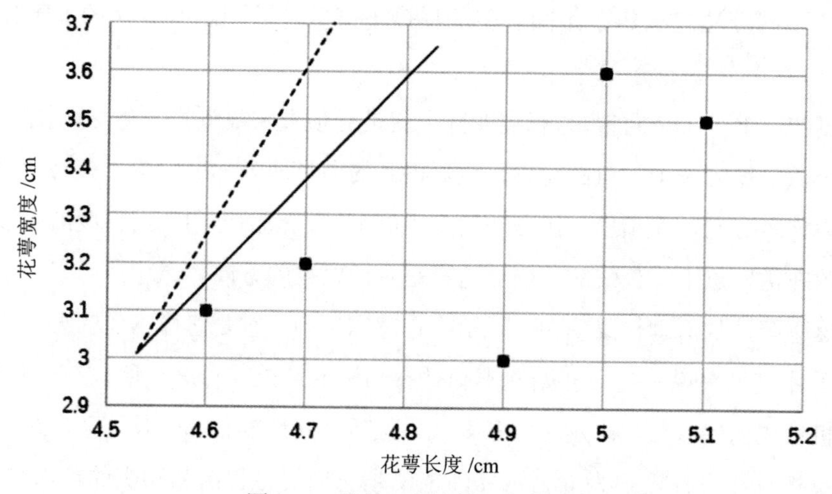

图 2.14　线性回归旋转迭代过程 step 2

对于每一次的旋转和平移，都求出所有样本点与该直线上对应点的误差之和，这样不断地旋转和平移，直到误差值达到最小。

在实际迭代的过程中，在旋转和平移的时候，当误差越来越小时，旋转和移动的量也会逐渐变小，当误差小到一定量时，称为过程收敛，迭代算法就可以结束了。

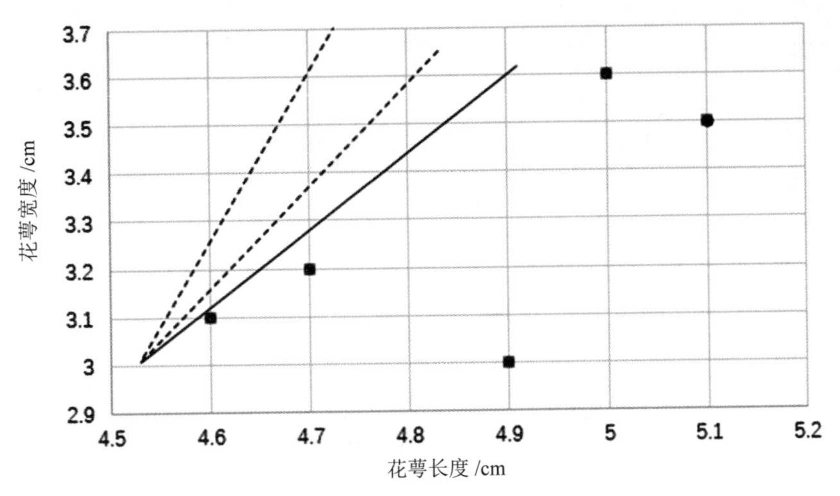

图 2.15　线性回归旋转迭代过程 step 3

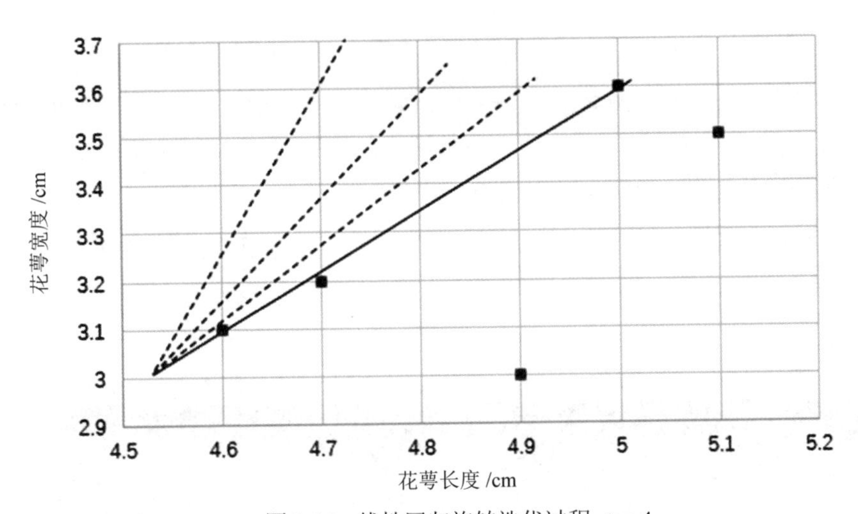

图 2.16　线性回归旋转迭代过程 step 4

把误差值 E 和斜率参数 a 之间的关系画在一个平面坐标系内，根据拟合直线不断旋转的角度（斜率）和拟合的误差画一条函数曲线，如图 2.17 所示。

该函数曲线表现为一个二次函数，虽然这个函数曲线是下凹的，但是被称为凸函数，为了更形象，也称其为下凸函数，其最小值在函数值的最低点。

导数则体现为在曲线上某一点上的切线，在函数值最小的位置，也就是最低点的位置，函数导数为 0，这个时候该点切线为水平线，即切线的斜率为 0。我们要找的就是这个导数为 0 的函数值最小点，即误差的最小位置。

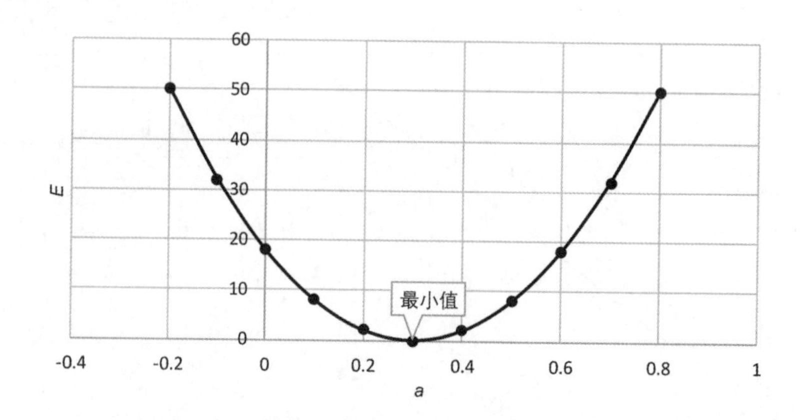

图 2.17　误差与斜率之间的关系

当某一点在这条曲线上移动时，其切线在不停地旋转，当切线旋转至水平位置时，切线的斜率为 0，这时的误差就为最小。

这样，我们可以把梯度下降法的每一次迭代用式（2.15）表示。

$$x_{i+1} = x_i - \eta \cdot \nabla f(x) \tag{2.15}$$

式中：x_i 为当前位置；x_{i-1} 为下一次计算得到的位置；η 为上面所说的切线每次旋转的幅度，即为前面所说的学习率或步长。学习率不能设置太大，设置太大有时会找不到最低点，即无法收敛，如图 2.18 所示；也不能设置太小，设置太小会影响收敛速度，即效率变低，如图 2.19 所示。学习率通常情况是预先设置好的参数。

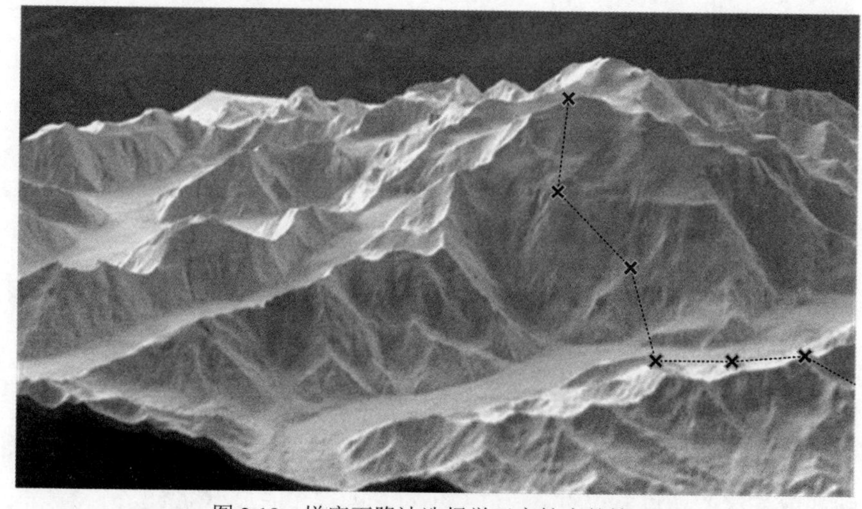

图 2.18　梯度下降法选择学习率较大的情况

图 2.19　梯度下降法选择学习率较小的情况

梯度下降法当收敛到最小点的时候收敛速度会变慢，并且对初始点位置和学习率的选择较为敏感。

图2.17是一个理想的损失函数曲线，实际的损失函数有可能是如图2.20所示。在这种情况下，梯度下降时有可能陷入局部最优解。即找到了图中的次低点，但是错过了最低点。所以在实际使用的过程中，需要多次迭代使用梯度下降法，每次的初始位置都不一样，也就是说，每次都从不同的山坡位置下山，即使有多个次低点，也会最终找到山底的最低点。

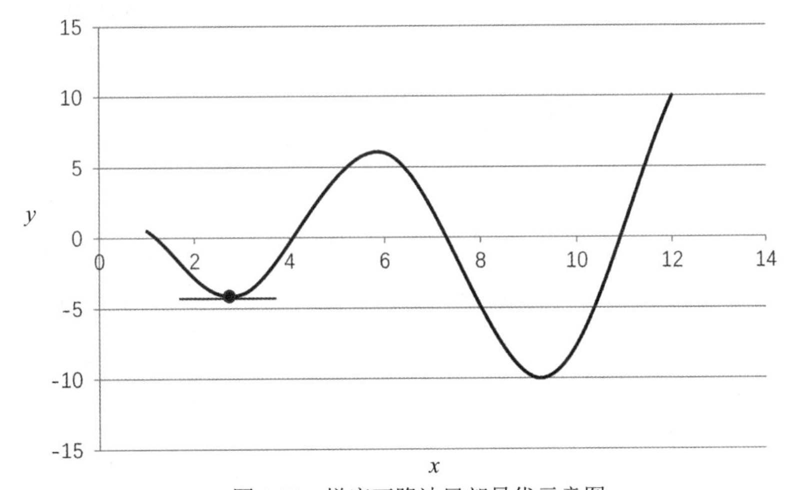

图 2.20　梯度下降法局部最优示意图

2.4.4 SVM

1963 年，Vapnik 在解决模式识别问题时提出了支持向量的方法，他把起决定性作用的样本称为支持向量。1971 年，Kimeldorf 提出基于支持向量构建核空间的方法。1995 年，美国贝尔实验室的 Vapnik 和 Cortes 提出了支持向量机（Support Vector Machine，SVM）[8]。

SVM 拥有完善的理论，实验效果也很好，这使得整个机器学习领域被分为了神经网络和支持向量机两大流派。并且由于支持向量机的良好效果，神经网络的研究逐渐处于竞争弱势。

实际上，SVM 是一种典型的二类分类模型，其基本模型定义为特征空间上的间隔最大的线性分类器，即支持向量机的学习策略便是寻找二分类间隔最大化，最终转化为二分类问题的求解。

下面我们详细说明 SVM 的工作原理。

我们前面已经知道，感知器可以找到这样一条直线，对线性可分的数据实现准确分类。同时我们也发现，如图 2.21 所示，这样的分类直线存在很多条，修改学习率 η 就可以得到不同的分类函数，这些分类函数是否存在优劣评价呢？哪一条直线的分类更准确、更好呢？

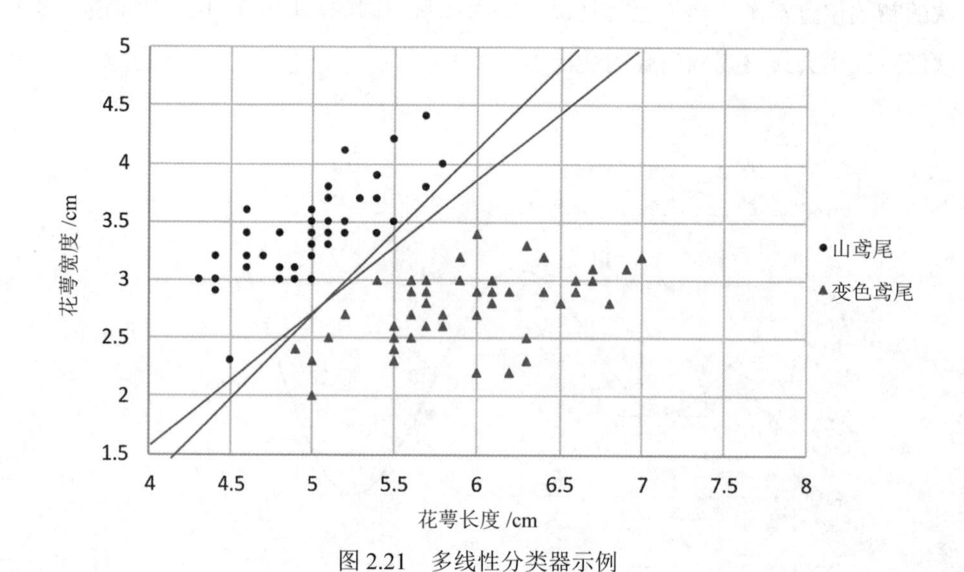

图 2.21　多线性分类器示例

为了更直观地描述，我们只选取山鸢尾和变色鸢尾花萼长度与宽度各10组数据，表示在二维空间里，如图2.22所示。

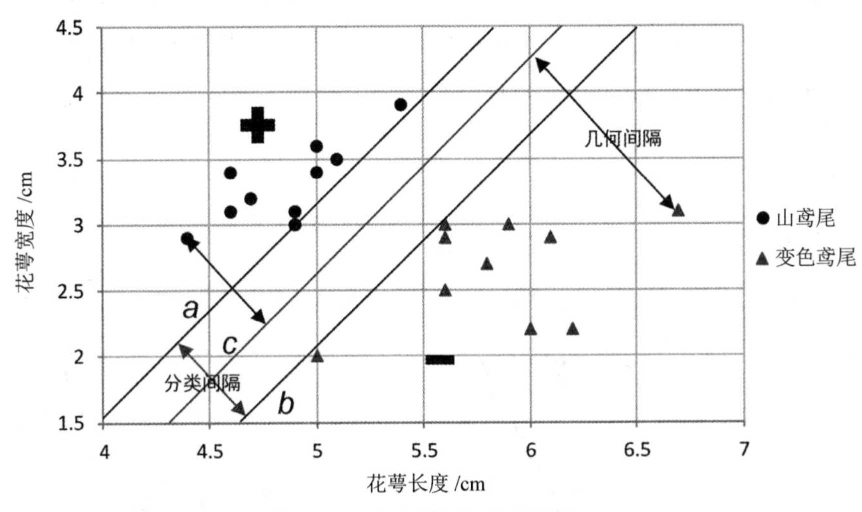

图2.22 分类间隔与几何间隔

从图2.22可以看出，这两类样本数据是线性可分的，我们画出其中分别靠近两类样本的两条直线 a 和 b，在直线 a，b 之间有无数条不同的直线可以把样本数据分开。可以直观感受到，对于样本数据来说，直线 c 的分类效果应该最好。直线 c 上面的样本点可称为“正样本”，直线 c 下面的样本点可称为“负样本”。图中直线 a，b 之间的双向箭头距离被称为分类间隔，点到直线之间的距离被称为几何间隔。

在感知机的介绍中，*sign*() 数只输出“0”或“1”，实际情况中，我们输出的是一个0到1之间的数值，表示样本数据属于哪一类的分类预测的可信程度，也称为置信度（confidence），置信度可以通过点到直线之间的相对距离来表示，如图2.22中样本点到直线的两个双向箭头的线段长度。

对于样本数据集，我们在前面已经提到过，随机把它分成了训练数据集与测试数据集，理论上来说，这两个数据集的特征分布应该是一致的，但是具体到个体特征样本，测试数据应该是在训练数据对应范围内波动，所以它有可能要比现有训练数据更接近分类直线，也可能更远。所以，对于分类直线来说，要尽可能远离现有的两类测试样本个体。

从图 2.23 中可以看到，三幅图像均可对样本数据进行线性分类，但（a）图中数据点到分类直线间的最小距离在三幅图片中为最小，（b）图中数据点到分类直线间的最小距离在三幅图片中为中等，（c）图中数据点到分类直线间的最小距离在三幅图片中为最大。这种在两个类别中样本点到分类直线之间最近的距离被称为分类间隔（classification margin）。

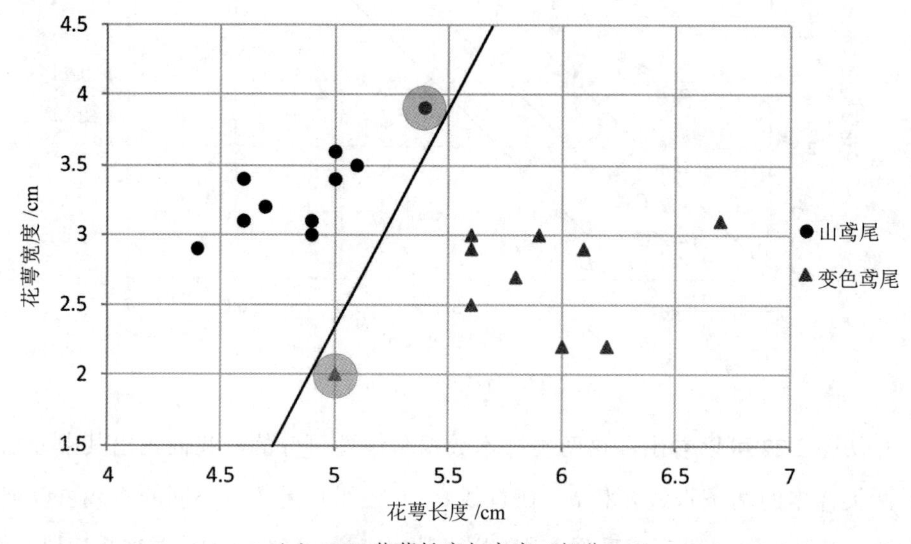

（a）IRIS 花萼长度与宽度（部分）

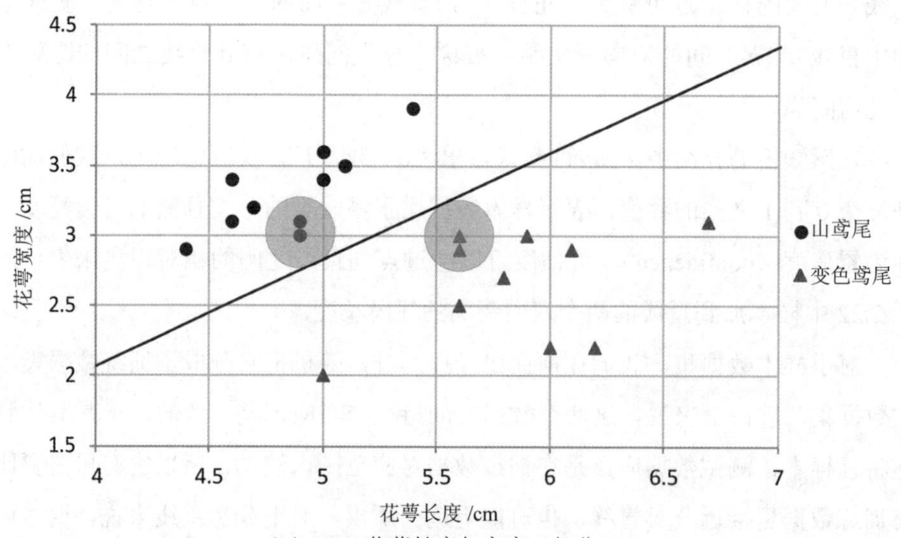

（b）IRIS 花萼长度与宽度（部分）

图 2.23　IRIS 部分样本的分类间隔示例

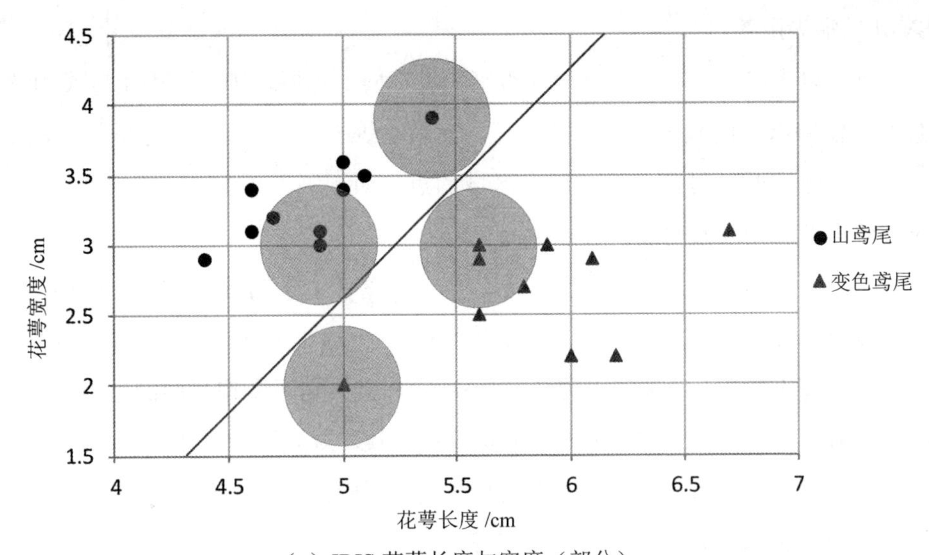

（c）IRIS 花萼长度与宽度（部分）

图 2.23 IRIS 部分样本的分类间隔示例（续图）

分类间隔在图 2.23 中被直观地表示为圆形覆盖面积，覆盖面积越大，则表示该分类器效果最好。

SVM 就是这样一种算法，它可以根据有限样本的信息寻求最佳分类器参数，以期获得最好的模型分类能力。

这里涉及对特征点的置信度的计算。

对于一个样本特征点 (x_0,y_0)，把分类器直线方程写为 $y = wx+b$，则可以得到点到直线的距离 $d=\gamma\frac{wx_0-y_0+b}{\sqrt{w^2+1}}$，其中 γ 为类标记符号。

如果该样本数据被正确分类，则点到直线的几何距离为正数，如果该样本数据没有被正确分类，则点到直线的几何距离为负数。

这样问题就被转化为求全部训练数据点到直线的几何间隔的最小值，$d_{\min}=\min(d_i)(i=1,2,\cdots,n)$，min() 表示最小化后面所列的表达式的值。从图 2.22 可以看出，分类间隔为最小几何间隔的两倍，即 $2d_{\min}$，也就是求 $\max(d_{\min})$，max() 表示最大化后面所列的表达式的值。最大化 $2d_{\min}$ 等价于最小化 $\frac{2}{d_{\min}}$，同时还要保证每个训练数据点到分类直线的几何间隔至少是 $d_{\min}$，即 $\gamma\frac{wx_0-y_0+b}{\sqrt{w^2+1}}\geqslant d_{\min}$。这就是

SVM 的损失函数。

针对以上描述，对二维平面在维度上进行向上扩展，则一个用于分类的超平面可以使用以下函数表示 $f(x)=w^Tx+b$。当 $f(x)$ 等于 0 时，x 属于超平面上的点；当 $f(x)$ 大于 0 时，对应正样本所在区域的点，即预测为正值；当 $f(x)$ 小于 0 时，对应负样本所在区域的点，即预测为负值。

这个超平面可以用分类函数表示，当 $f(x)$ 等于 0 的时候，x 便是位于超平面上的点，而 $f(x)$ 大于 0 的点对应 $y=1$ 的数据点，$f(x)$ 小于 0 的点对应 $y=-1$ 的点。

对于超平面 $w^Tx+b=0$，可使用 $|w^Tx+b|$ 表示点 x 到距离超平面的远近，γ 为类标记符号，如果 w^Tx+b 的符号与 γ 的符号相一致，则判断分类正确，否则判断分类错误。因此可以用 $\gamma\times(w^Tx+b)$ 来判断分类的正确性，这个表达式被称为函数间隔（functional margin），如式（2.16）所示。

$$\Upsilon=\gamma\times(w^Tx+b) \tag{2.16}$$

我们可以计算得到空间中任意样本点 x 到超平面的距离为 $\hat{\Upsilon}=\dfrac{|w^Tx+b|}{\|w\|}$，在二维空间中 $\|w\|=\sqrt{w^2+1}$。

可以看出，几何间隔与 $\|w\|$ 是成反比的，因此最大化几何间隔等同于最小化 $\|w\|$。而我们常用的方法并不是固定 $\|w\|$ 的大小而寻求最大几何间隔，而是固定间隔（例如固定为 1），寻找最小的 $\|w\|$，即计算损失函数 [9]，如式（2.17）所示。

$$\min\left(\frac{1}{2}\|w\|^2\right) \tag{2.17}$$

同时还需加上约束条件，如式（2.18）所示。

$$y_i(wx_i+b)-1\geqslant 0\ (i=1,2,\cdots,n) \tag{2.18}$$

原始问题是一个典型的线性约束的凸二次规划问题，模型求解主要用到了运筹学里面的方法，在这里就不仔细展开了，求解的主要思路是 [10]：

第一步：在原始问题中引入拉格朗日乘子转化为无约束问题（拉格朗日乘子法）。

第二步：根据最优化的一阶条件将原始问题转化为对偶问题。

第三步：根据 KKT 条件得到求得最优解时应满足的条件。

2.5 测试与分类实现

2.5.1 测试

通过前面的学习，使用感知机和SVM分类器通过训练样本集的数据可以训练出分类模型，分类模型的好坏需要通过测试进行检测迭代。

测试样本集和训练样本集里的数据格式是相同的，都是带有标注的样本数据，在分类模型建立起来后，需要通过测试样本进行模型的检验，如果测试样本数据经过分类模型输出的结果与标注的结果相同，则分类正确，否则分类错误。

在把测试样本集中的样本数据全部测试一遍后，可以统计分类准确率（classification accuracy），即正确的样本数除以样本总数，即如式（2.19）所示。

$$\text{分类准确率}=\frac{\text{分类正确的样本数}}{\text{测试样本总数}}\times 100\% \tag{2.19}$$

2.5.2 分类实现

通过不同的分类器方法设计出不同效果的分类器，然后通过测试可以选择出最优的分类器，如果分类的准确率可以被用户接受，就可以投入到应用中了。在应用场景，实际拍摄的鸢尾花数据就可以输入到鸢尾花的分类器中，使用算法来判断它是属于哪种类型的鸢尾花。

在应用的时候，也可以搜集更多识别正确和识别错误的数据，经过标注后加到训练集和测试集中，增加训练集和测试集的样本数，经过再次训练来提高分类器的效果。

分类器所使用的训练数据和测试数据都是经过标注的，标注数据的过程是事先由人工完成的，数据标注的过程非常耗费人力和时间，现在有专门的标注外包公司实现对数据的标注，还有一些数据的标注来源于我们的日常网上购物、购票，甚至是验证码的输入，当你对信息确认的同时，也就完成了数据的标注。

2.5.3 多分类识别

再回过头来看 IRIS 鸢尾花数据集，我们发现数据集一共有三种分类数据，但是在前面的感知机和 SVM 分类器中，所涉及的分类器都是一种二分类分类器，那么，怎么使用二分类器实现三分类效果呢？这就涉及二分类问题与多分类问题的结合处理。

两种物体的分类被称为二分类（binary classification）问题，两种以上（不含两种）的分类问题被称为多分类（multiclass classification）问题。

例如对于三分类问题，比较简单的一种方法是生成三个分类器，每个分类器只识别其中一种鸢尾花，把数据依次通过三个分类器，会得到三个不同的预测结果。

例如，特征向量为 $(x_1,x_2,\cdots,x_n)$，三个分类器函数分别为 f_1, f_2, f_3，把特征向量代入分类器函数进行计算，计算过程如式（2.20）所示。

$$\left.\begin{aligned} f_1 &= w_{11}x_1 + w_{12}x_2 + \cdots w_{1n}x_n + b_1 \\ f_2 &= w_{21}x_1 + w_{22}x_2 + \cdots w_{2n}x_n + b_2 \\ f_3 &= w_{31}x_1 + w_{32}x_2 + \cdots w_{3n}x_n + b_3 \end{aligned}\right\} \tag{2.20}$$

把这三个预测结果组成一个向量 (f_1, f_2, f_3)，然后通过归一化指数函数可获得属于某一种类型的可能性，就可以得到三分类的结果。

归一化指数函数也被称为 Softmax 函数，它可以将一个 n 维向量与另一个 n 维向量结合在一起形成一个新的 n 维向量，并且在该向量中每一个元素都在 $(0,1)$ 的范围内，且所有元素的和为 1。

利用 Softmax 函数对样本属于第 i 个分类的归一化后的概率通过公式（2.21）计算：

$$p(x_i) = \frac{\mathrm{e}^{x_i}}{\sum_{k=1}^{k} \mathrm{e}^{x_k}} \tag{2.21}$$

例如，三个预测结果组成的输入向量为(1,2,3)，利用公式(2.21)计算过程如下：

$$p(1) = \frac{\mathrm{e}^1}{\mathrm{e}^1 + \mathrm{e}^2 + \mathrm{e}^3} = \frac{2.72}{2.72 + 7.39 + 20.09} = \frac{2.72}{30.2} = 0.09$$

$$p(2) = \frac{\mathrm{e}^2}{\mathrm{e}^1 + \mathrm{e}^2 + \mathrm{e}^3} = \frac{7.39}{2.72 + 7.39 + 20.09} = \frac{7.39}{30.2} = 0.245$$

$$p(3)=\frac{e^3}{e^1+e^2+e^3}=\frac{20.09}{2.72+7.39+20.09}=\frac{20.09}{30.2}=0.665$$

则对应的向量为 (1,2,3) 的预测函数输出值为 (0.09,0.245,0.665)，即表示该输入向量属于第一个分类的概率为 0.09（非常小），属于第二个分类的概率为 0.245（有点小），属于第三个分类的概率为 0.665（可能性比较大）。

在上面的公式中涉及一个常数 e，这个常数 e 被称为是自然常数，其值为 2.71828。e 虽然是一个很不好记忆的数，但是它在大自然中拥有神秘的力量，在自然界中随处可见，其表现形式为一种螺旋线，如图 2.24 所示。

图 2.24　自然界中的自然常数

不论是动植物中具有螺旋线外观的果实、贝壳和羊角，还是在大自然中的风暴和水旋涡，甚至是宇宙中螺旋状的星系，它们都是融入了自然常数 e 的螺旋线。这种螺旋线在不断循环缩放的过程中，可以完全保持它原有的弯曲度不变，就像一个无底的黑洞，吸进再多的东西也可以保持原来的形状。

自然常数 e 有很多特性。

例如，对 e^x 求导，其结果依然是 e^x。

函数 $y=e^x$ 与函数 $y=e^{-x}$ 关于 y 轴对称。

$\ln x$ 被称为自然对数，即以 e 为底的 x 的对数，也可写作 $\log_e x$。函数 $y=e^x$

与函数 $y=\ln x$ 关于45°斜线对称。

函数 $y=\mathrm{e}^x$、$y=\mathrm{e}^{-x}$ 以及 $y=\ln x$ 的图形如图 2-25 所示。

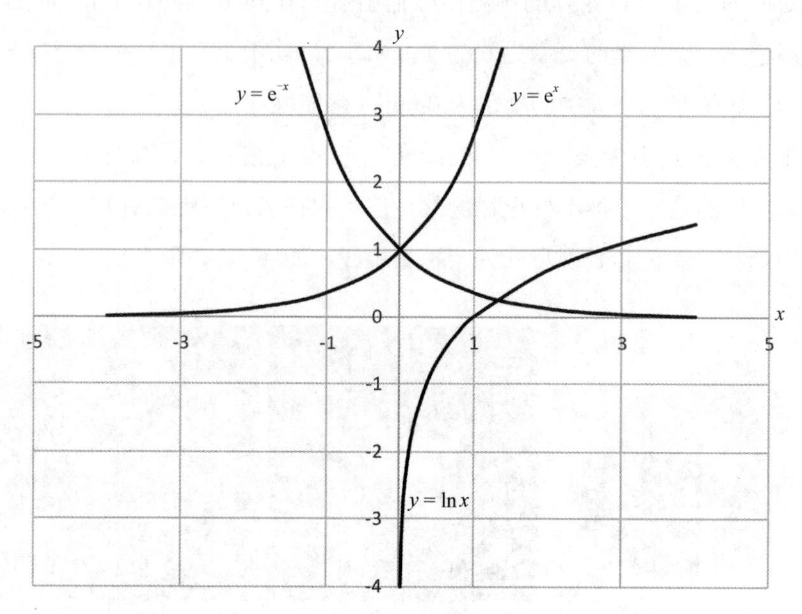

图 2.25　函数 $y=\mathrm{e}^x$、$y=\mathrm{e}^{-x}$ 和 $y=\ln x$ 的图形

常用二分类激活函数，即 Sigmoid 函数，它有一个很重要的特性，就是在变换后仍维持原先的比例关系。

Sigmoid 函数在后面的内容会详细介绍，其函数定义如式（2.22）所示。

$$g(x)=\frac{1}{1+\mathrm{e}^{-x}} \tag{2.22}$$

e 的计算可以使用式（2.23）来实现。

$$\mathrm{e}=1+\frac{1}{1!}+\frac{1}{2!}+\frac{1}{3!}+\cdots=1+1+\frac{1}{2}+\frac{1}{6}+\cdots\approx 2.71818 \tag{2.23}$$

在这里，符号“!”表示阶乘，例如 4!=1×2×3×4=24。

有一个通俗理解自然常数 e 的例子。

从前，有一个财主，爱财如命，通过放债收取利息，一开始，他设定的收取利息的年利率为 100%，即如果你向财主借 1 元钱，一年后你就要还 2 元钱，其中 1 元钱是本金，1 元钱是利息。

为了获取更大的利益，过了一些天这个财主就想办法，从一年一算利息，变成一年算两次利息。也就是你借他 1 元钱，半年后就是 1.5 元，然后下半年再按 1.5 元作为本金再次计算利息，这样下半年的利息就是 0.75 元，一年后就要还 1+0.5+0.75=2.25 元，比以前多了 0.25 元。使用公式表示就是 $(1+0.5)\times(1+0.5)=\left(1+\frac{1}{2}\right)^2=2.25$ 元。

又过了一段时间，他又想继续增加利息收入，就想从一年两次计算利息变成一年四次计算利息，用公式计算就是 $\left(1+\frac{1}{4}\right)^4=2.44141$，收入更多了。

又过了一段时间，财主想，如果是按天收租那不是赚得更多了？这样每天都能增加利息了，使用公式计算就是 $\left(1+\frac{1}{365}\right)^{365}=2.71457$。

更进一步，如果按小时收租、按分钟收租、按秒收租，那么 1 元钱最大化的本金利息收入是多少呢？当收租时间单位趋于无穷小时，$e=\left(1+\frac{1}{x}\right)^x\approx 2.71828$，这就是自然常数。

2.6 小结

分类是智能表现的最基本的方式。基于已知数据构造分类器实现对未知数据的分类是目前普遍的做法，通常情况下，我们会把已知数据分为训练数据集和测试数据集用于构造和测试分类器。本章介绍的感知机与 SVM 是构造分类器的基本技术。基本的分类器实现二分类效果，通过对二分类不同的组合方式可实现多分类识别。

本章微课资源

第 3 章　回归与聚类

3.1　基本概念

3.1.1　机器学习的类别

在机器学习里，首先我们要理解这样一个概念，即什么是学习。

学习，是指通过阅读、听讲、思考、研究、实践等途径获得知识或技能的过程。学习分为狭义与广义两种。

狭义的学习是通过阅读、听讲、研究、观察、理解、探索、实验、实践等手段获得知识或技能的过程，是一种使个体可以得到持续变化（知识和技能、方法与过程、情感与价值的改善和升华）的行为方式。

广义的学习是人在生活过程中，通过获得经验而产生的行为或行为潜能的相对持久的行为方式。

在前面的分类函数训练中，样本集中的数据都是被标注过的，也就是在机器学习的过程中，数据的分类是已知的，这种利用已知输入数据和输出数据的对应关系生成分类学习的方法被称为监督学习（Supervised Learning）[11]。

监督学习的任务是学习完训练范例后，去预测任何可能输入的值，训练范例中包含输入和预期输出。在生物范畴中，这种学习方式通常被称为概念学习（Concept Learning）。

我们从小接受家长和老师的教育，获取知识和经验，这个过程就是典型的监督学习。

目前广泛被使用的监督学习分类器包括人工神经网络、支持向量机、最近邻居法、高斯混合模型、朴素贝叶斯方法、决策树和径向基函数分类。

如果数据集没有被标注过，而是通过算法实现对原始资料的分类，则称为无监督式学习（Unsupervised Learning ）。

无监督式学习在学习时并不知道其分类结果是否正确，在学习的过程中也没有外界介入，告诉它学习的结果是否是正确的。无监督学习可以自动从提供的范例中找出潜在类别分类的规则。当学习完毕并经测试后，也可以应用于新的分类。

除了无监督学习之外，还有半监督学习和强化学习，强化学习我们在这里先不进行介绍。

半监督学习可以看作监督学习与无监督学习的融合，半监督学习使用的样本数据一部分有特征标签，一部分没有特征标签，它是利用数据分布上的模型假设，对没有特征标签的数据样本进行标签预测。如何综合利用已标签样例和未标签样例，是半监督学习需要解决的问题。

通过半监督学习，我们可以利用少量标注样本和大量未标注样本进行机器学习，基于假设获得具有良好性能的分类器。

从图 3.1 可以看出，机器学习可以分为监督学习、半监督学习、无监督学习和强化学习。监督学习包括分类和回归等算法；半监督学习包括分类、回归和聚类等算法；无监督学习主要是聚类算法。

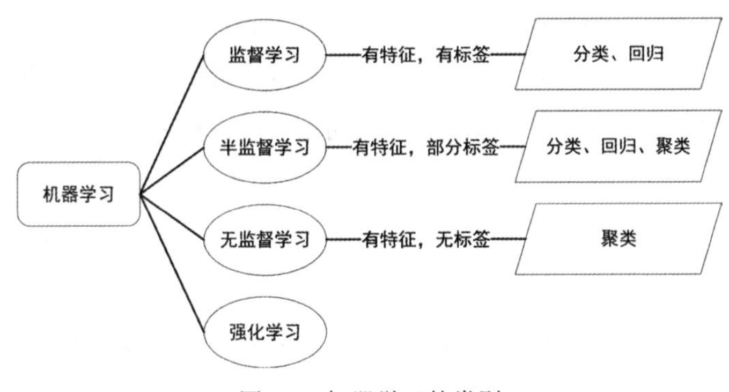

图 3.1　机器学习的类别

强化学习也是机器学习中的一类。在监督学习中，反馈信息会告知学习者向哪个方向加权以获取更好的效果，也就是往哪个方向做会更好。而在强化学习中给出的反馈信息是评估性的而不是指导性的，也就是说，强化学习只会反馈给学习者当前的做法是好的还是坏的，到底哪种行为会获得更高的回报需要学习者进行多次的尝试。

监督学习可以看作有老师教授的学习，而强化学习可以看作一种完全自主的学习。而AlphaGo利用这种自主学习的方式，获得了强大的围棋对弈能力。

无监督学习和强化学习都没有老师教授，它们之间的区别又是什么呢？无监督学习没有指导反馈，也没有评估反馈，它给出当前数据集所体现的一种模式。

例如，在新闻文章分类推荐中，监督学习的典型例子是：用户每读一篇文章，就给这篇新闻贴上分类标签，例如这篇新闻是军事新闻，下一篇新闻是经济新闻等；算法通过这些分类标签进行学习，获得分类模型；再有新的文章过来的时候，算法通过分类模型就可以给新的文章自动贴上标签了。

无监督学习的典型例子是：用户经常阅读军事类和经济类的文章，算法就把和用户读过的文章相类似的文章推荐给你。实际上算法并不知道军事类或者经济类的标签，它只是把相似的文章聚集为一类。

强化学习的典型例子是：算法先少量给用户推荐各类文章，用户会选择其感兴趣的文章阅读，这就是对这类文章的一种奖励，算法会根据奖励情况构建用户可能会喜欢的文章的“知识图”。

3.1.2 变量之间的关系

变量之间的关系称为相关关系。这种关系可能是确定的，被称为确定性关系。也可能是不确定的，会受到一些随机因素的影响，被称为不确定性关系。还有可能这种关系是不存在的，被称为不相关关系。

因此，按相关程度分类，相关关系可以分为完全相关、不完全相关和不相关三种类别。

完全相关是指两个变量之间的关系，一个变量的数量变化由另一个变量的数量变化所唯一确定，则这两个变量之间的关系为确定性关系，也称为函数关系。确定性关系可以使用函数表现出来。

例如某匀速直线运动的物体的运动时间、速度和距离之间的关系，正方形面积与边长之间的关系，销售商品单价、数量和销售额之间的关系等都属于函数关系。

如果两个变量之间的关系介于不相关和完全相关之间，则称为不完全相关。即当一个或几个相互联系的变量取一定的数值时，与之相对应的另一变量的值虽然不确定，但它仍按某种规律在一定的范围内变化，这种变化有可能是受到一些随机因素的影响，这种变量间的相互关系，就被称为具有不确定性的相关关系。我们在这里讨论的回归就是主要用于处理变量之间的非相关关系的。

不相关是指两个变量彼此的数量变化互相独立，没有关系。

如果两个变量有相关性，根据相关变量关联变化的趋势，可以分为正相关和负相关两类。正相关是指相关变量之间的变化趋势相同，即对于两个变量，如果其中一个变量值由大变小，另外一个变量的值也由大变小。相对应的，如果相关变量之间的变化趋势相反，则被称为负相关，即对于两个变量，如果其中一个变量值由大变小，另外一个变量的值由小变大。

如果一个变量跟随另一个变量的变化而产生线性变化，被称为线性相关，也被称为直线相关；如果另一个变量发生的变化不是均等的，则被称为非线性相关，也被称为曲线相关。

如果相关性涉及的是两个变量之间的关系，则这种相关性被称为单相关；如果是研究一个变量与其他多个变量之间的相关性，则称这种相关性为复相关；对于复相关，如果只研究多个变量中的其中一个变量与另一个变量之间的关系，而别的变量被视为常量，则称为偏相关。

3.2 回归

3.2.1 回归的概念

在第 2 章我们了解了什么是分类，以及如何设计和应用一个基本的分类算法。通过分类，我们可以实现对未知的一组特征向量进行判断，看它属于哪一种类别。分类实际上也是一种预测方法，例如在天气预报中，通过训练获得的分类算法对气象数据分析来获得明天是阴天、晴天还是下雨等。

我们再来想象一下在天气预报中的另外一种预测，例如预测明天气温是多少度，即对温度数值的预测就属于回归分析（regression analysis）。

这两类预测有什么区别呢？对于我们已经熟悉的分类任务，它的结果只能是“是”或者“不是”，但是可以有多种不同的类别来对应，这是一种定性的输出，这种输出被称为是离散的，这种输出变量为有限的离散变量的预测被称为分类问题，也被称为离散变量预测。

“离散”的概念对应的是“连续”，如果输入变量与输出变量都是连续的变量，这种预测就属于回归预测，它对应的输出是定量的，也被称为连续变量预测。

回归一词来源于英国的生物学家高尔顿（1882—1911），高尔顿是达尔文的表弟，他早年在剑桥大学学医，因为接受了一大笔遗产，所以可以随意去做自己喜欢的事，他去过非洲考察，获得过英国皇家地理学会的金质奖章，并研究气象学、心理学、教育学、遗传学、社会学和指纹等。

在遗传学领域，高尔顿深入研究了人类父母与后代的相似性问题，他选择了1074对父母，以及他们的子女，观察他们之间身高的关系[12]。

高尔顿发现，如果把父母身高的平均值和子代的身高值放在一起，其趋势几乎是一条直线，如图3.2所示，在图中X轴为父母身高的平均值，Y轴是其子女身高，图中数值的单位是英寸（1英寸≈0.0254米）。从图3.2中可以看出，也就是如果父母的平均身高比较高的话，其下一代的子女的身高相对也会比较高，这是很好理解的。

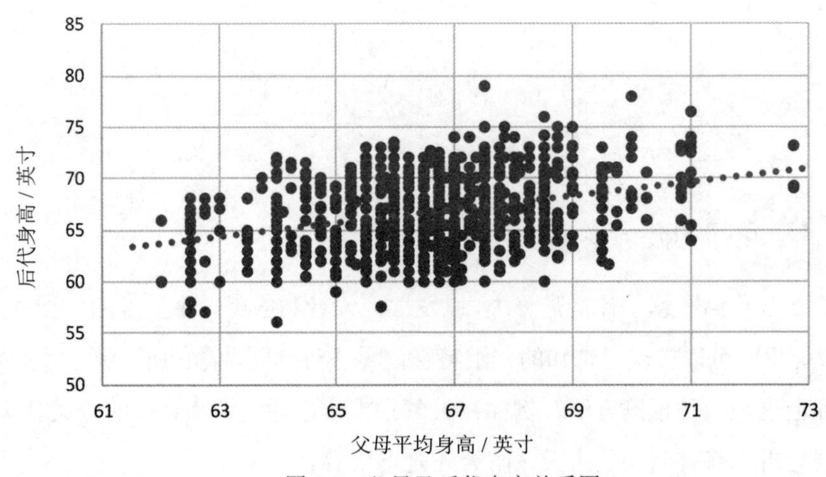

图3.2　父母及后代身高关系图

通过统计，高尔顿发现样本数据中父母的平均身高为68英寸，而子女的平均身高为69英寸，要比父母的身高大1英寸。那是不是在一定样本量的情况下，子女的平均身高都要比父母的平均身高大1英寸呢？高尔顿在实际观察数据时发现并不是这样。高尔顿发现当父母的身高是64英寸时，其后代的平均身高为67英寸，高于父母平均值达3英寸；当父母的身高是72英寸时，其后代的平均身高为71英寸，比父母的平均身高低1英寸。

高尔顿对此研究后得出的解释是自然界有一种约束力，使人类身高在一定时期是相对稳定的。如果父母高（或矮）了，其子女比他们更高（矮），则人类身材将向高、矮两个极端分化。自然界不这样做，它让身高有一种回归到中心的作用。如果父母的身高比较高了，则其子女也比较高，但不如父母那么高，如果父母的身高比较矮，则其子女也比较矮，但比其父母要高一些。也就是说，人类的身高有一个群体中心，个体的身高有回归这个群体中心的趋势，这就是“回归”的由来。

回归分析实质是研究多个变量之间的因果关系，也可以表明多个变量对某一变量的影响强度，也可以去比较衡量不同尺度变量之间的相互影响，上面父母身高与子女身高之间的关系实质上就是两个变量之间的关系，回归分析常被用于预测和时间序列模型中。回归属于拟合方法的一种。

对于回归问题就是通过样本数据来找出变量之间的关系，从而对未知的变量数据进行预测。

回归最常用的方法包括线性回归和逻辑回归，下面分别介绍着两种回归方法。

3.2.2 线性回归

回到我们已经熟悉的IRIS数据集，取标注为山鸢尾花的花萼长度与宽度的数据形成如图3.3所示的散点图。

根据散点图分布，我们可以推测花萼的长度与宽度之间是一个线性关系，这样我们就把它归结为一种线性关系。假设花萼的长度为x，花萼的宽度为y，则对于山鸢尾花花萼长度与宽度的关系就可以表示为$y = ax+b$，如图3.4所示。

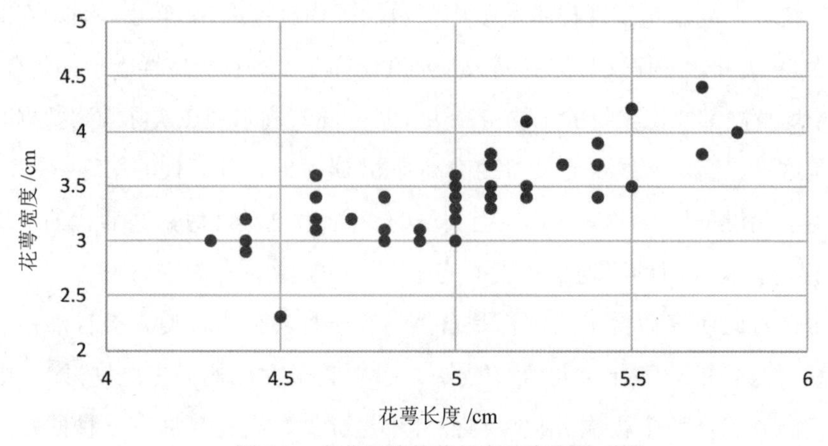

图 3.3　山鸢尾花花萼长度与宽度散点图

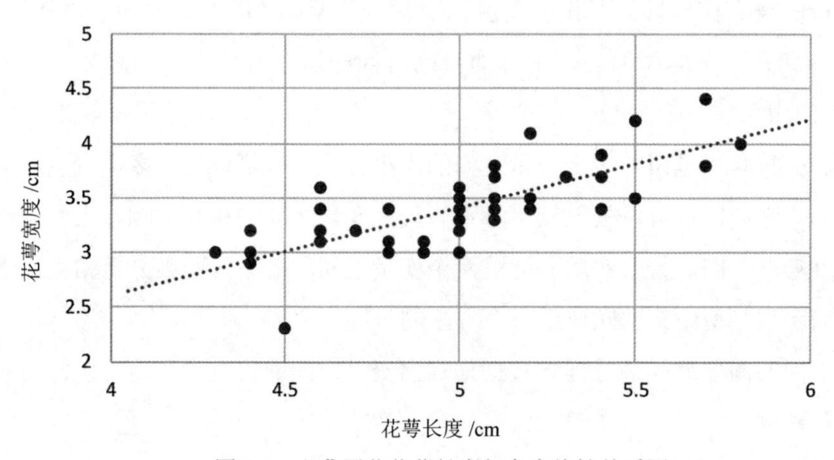

图 3.4　山鸢尾花花萼长度与宽度线性关系图

从图 3.4 中可以看出，散点图中的点与直线并不是完全重合的，如果要用一条直线来表示图中各个点的关系，实际上就是找到这么一条直线，使得图中各样本点与这条直线之间的差别最小，这种方法被称为拟合。

在求出被拟合的直线后，当有新的数据过来，例如我们知道一朵山鸢尾花的花萼的长度，根据拟合的直线，我们就可以预测其花萼的宽度了。

实际上，上面我们就是描述了一个典型的学习过程和预测过程，如图 3.5 所示。拟合出来的这种函数我们称之为估计函数。

前面我们已经说过，对于拟合的函数 $y = ax+b$，一般情况下不会与采样点完全重合，因此采样点与拟合直线之间就存在一定的偏差，而我们进行拟合的原则是这种偏差的总量越小越好。

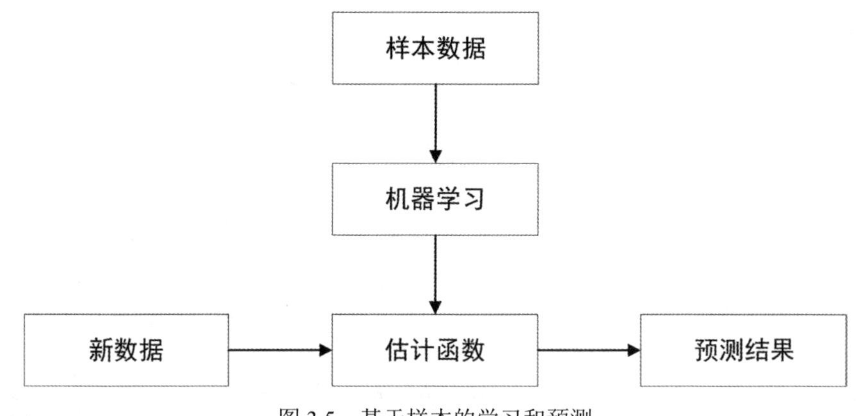

图 3.5　基于样本的学习和预测

由于偏差可体现为有正有负，所以也不能简单地把这些偏差加起来求和来表示偏差的总量。可以考虑用绝对值之和，也可以考虑用平方和。

从数学解析的角度来看，平方和更容易做解析运算，因此通常情况下我们都选用平方和表示偏差的总量。

偏差的平方和最小可以保证每个偏差都不会很大，也就是说需要确定拟合函数中的常数 a 和 b，使偏差的平方和最小，这种确定系数的方法称为最小二乘法 [13]。

从另一个角度来理解，均方误差具有非常好的几何意义，在线性回归中，如果上面所提及的偏差就是指点到直线的距离，那么最小二乘法就是试图找到一条直线，使所有样本到直线的距离之和最小。

我们先使用绝对值的方法进行初步理解。设直线方程为 $y = ax+b$，如果用绝对值的方法寻找点 (x_0, y_0) 到该直线的偏差最短，即取最小值 $\min(|y-y_0|+|x-x_0|)$，其几何意义如图 3.6 所示。

接下来我们使用平方和的方法寻找，就是取式 $(y-y_0)^2+(x-x_0)^2$ 的最小值。可以看出该式是两点间距离公式，也就是距离的概念。那么最短的距离就是点到直线的垂线，如图 3.7 所示。

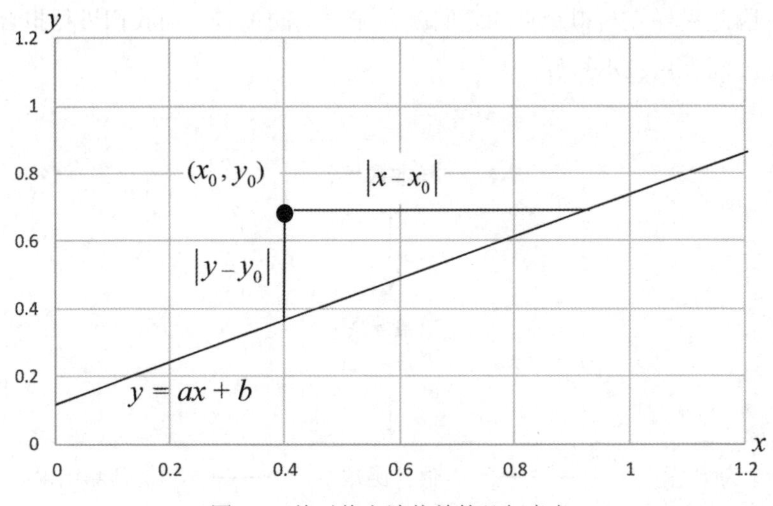

图 3.6　绝对值方法偏差的几何意义

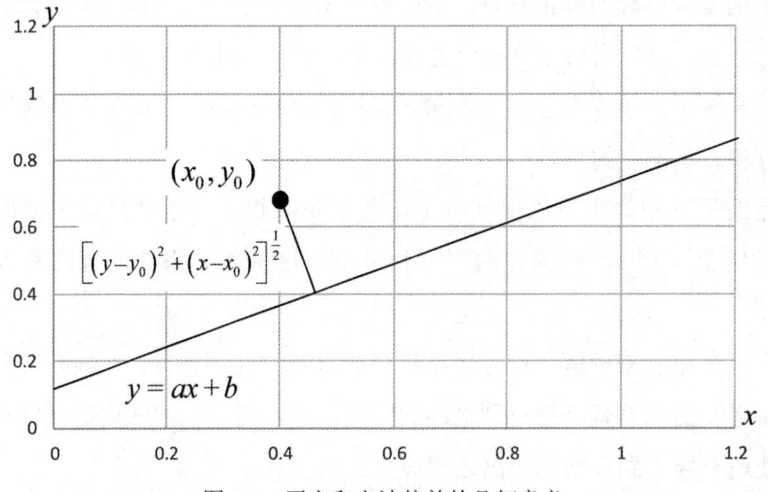

图 3.7　平方和方法偏差的几何意义

最小二乘法没有使用绝对值来寻找误差的最小值，而是把各项误差做平方然后求和，取其最小值求得的 y 即为真值，如式（3.1）所示 [14,15]。如果误差值随机，则其应围绕真值的上下进行波动。

$$误差函数 = \sum(观测值 - 理论值)^2 \tag{3.1}$$

对于理论值 y 观测测量 m 次，第 i 次的观测测量的结果设为 y_i，误差函数用 E 表示，则可得到式（3.2）。

$$E = \sum_{i=1}^{m}(y - y_i)^2 \quad (3.2)$$

误差函数也称为代价函数（cost function）。对其求导数使其等于 0，就可以得到该函数的最小值，如式（3.3）所示。

$$\frac{\mathrm{d}E}{\mathrm{d}y} = \frac{\mathrm{d}}{\mathrm{d}y}\sum_{i=1}^{m}(y - y_i)^2 = 2\sum_{i=1}^{m}(y - y_i) = 0 \quad (3.3)$$

推导式（3.3），如式（3.4）至（3.6）所示。

即

$$\sum_{i=1}^{m}(y - y_i) = 0 \quad (3.4)$$

即

$$(y - y_1) + (y - y_2) + \cdots + (y - y_m) = my - y_1 + y_2 + \cdots + y_m = 0 \quad (3.5)$$

即

$$y = \frac{y_1 + y_2 + \cdots + y_m}{m} \quad (3.6)$$

式（3.6）即为各样本观测测量的平均数。也就是说，各样本观测测量的平均数为代价函数的最小值[16]。

我们用一个实例来看看最小二乘法的实际用法。

取鸢尾花数据集中山鸢尾的前 6 个花萼长度与宽度的数据，见表 3.1。

表 3.1 花萼长度与宽度数据

花萼长度 x/cm	花萼宽度 y/cm
5.1	3.5
4.9	3
4.7	3.2
4.6	3.1
5	3.6
5.4	3.9

这里把花萼长度作为 x，花萼宽度作为 y，为了描述方便，我们把函数关系中的 y 表述成 $f(x)$，这样就可以假设其线性关系为 $f(x) = ax+b$，画出散点图，如图 3.8 所示。

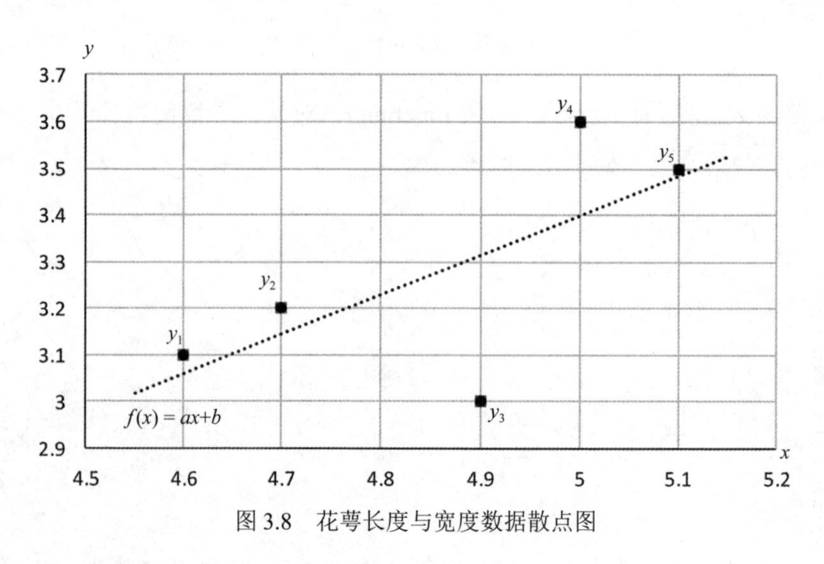

图 3.8　花萼长度与宽度数据散点图

在这里使用最小二乘法估计其误差，则每个点的误差 $f(x_i)-y_i$ 如图 3.9 中双向箭头所示，也就是在 y 方向上测量点与线性函数之间的距离。

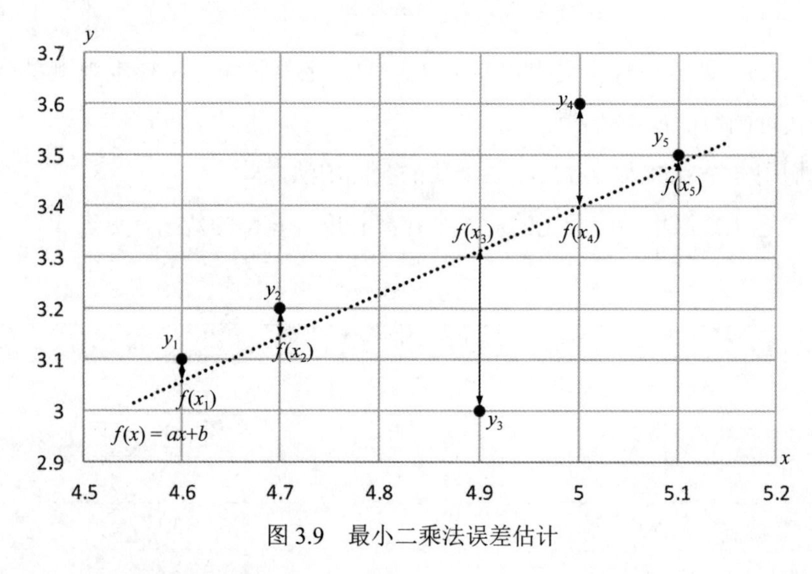

图 3.9　最小二乘法误差估计

在这里，代价函数如式（3.7）所示。

$$E = \sum_{i=1}^{m}[f(x_i) - y_i]^2 = \sum_{i=1}^{m}(ax_i + b - y_i)^2 \tag{3.7}$$

在式（3.7）中，a 和 b 的取值不同会导致不同的代价函数值，我们的目的就是要找到 a 和 b，使 E 取最小值。

利用微积分知识，对 a 和 b 分别求偏导数，当满足式（3.8）所示的条件时，E 取最小值，如式（3.8）所示。

$$\begin{cases} \dfrac{\partial}{\partial a}E = 2\sum_{i=1}^{m}\left(ax_i + b - y_i\right)x_i = 0 \\ \dfrac{\partial}{\partial b}E = 2\sum_{i=1}^{m}\left(ax_i + b - y_i\right) = 0 \end{cases} \tag{3.8}$$

解方程，可得式（3.9）：

$$\left.\begin{aligned} a &= \frac{m\left(\sum_{i=1}^{m}x_i y_i\right) - \left(\sum_{i=1}^{m}y_i\right)\left(\sum_{i=1}^{m}x_i\right)}{m\left(\sum_{i=1}^{m}x_i^2\right) - \left(\sum_{i=1}^{m}x_i\right)^2} \\ b &= \frac{\left(\sum_{i=1}^{m}x_i^2\right)\left(\sum_{i=1}^{m}y_i\right) - \left(\sum_{i=1}^{m}x_i\right)\left(\sum_{i=1}^{m}x_i y_i\right)}{m\left(\sum_{i=1}^{m}x_i^2\right) - \left(\sum_{i=1}^{m}x_i\right)^2} \end{aligned}\right\} \tag{3.9}$$

代入表 3.1 的数据后，即可解得结果，如式（3.10）所示。

$$\left.\begin{aligned} a &= 0.8488 \\ b &= -0.8453 \end{aligned}\right\} \tag{3.10}$$

将式（3.10）代入预设方程 $f(x)= ax+b$，即为如图 3.10 所示直线 $f(x)= 0.8488x-0.8453$。

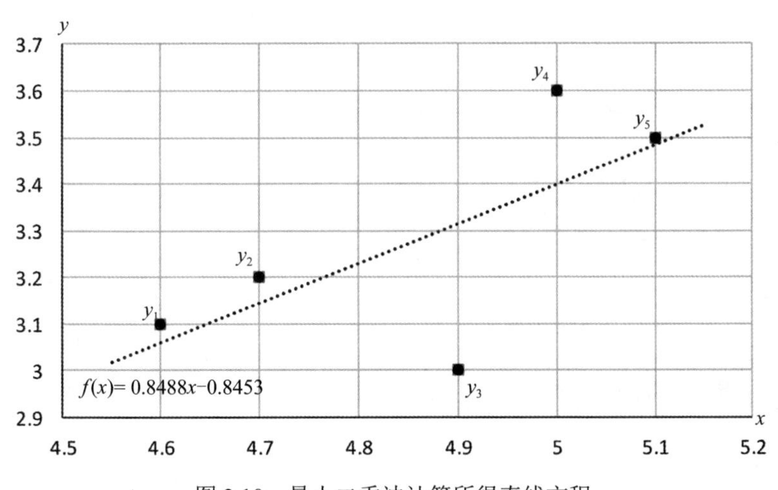

图 3.10　最小二乘法计算所得直线方程

这样，我们通过最小二乘法，依据样本数据，即可得到拟合的线性方程，也就实现了线性回归。

非线性回归可以作为线性回归的扩展，同样可以使用最小二乘法实现，例如，在上面的例子中，我们把 $f(x)$ 假设成一个二次函数：$f(x)=ax^2+bx+c$，同样依据最小二乘法，可以计算参数 a,b,c。

对于二次函数 $f(x)=ax^2+bx+c$，可写出其代价函数，如式（3.11）所示。

$$E=\sum_{i=1}^{m}[f(x_i)-y_i]^2=\sum_{i=1}^{m}(ax_i^2+bx_i+c-y_i)^2 \tag{3.11}$$

在式（3.11）中，a、b 和 c 的取值不同会导致不同的代价函数值，我们的目的是要找到 a、b、c，使 E 取最小值。

利用微积分知识，对 a、b、c 分别求偏导数，当满足式（3.12）所示条件时，E 取最小值：

$$\left.\begin{aligned}\frac{\partial}{\partial a}E=2\sum_{i=1}^{m}(ax_i^2+bx_i+c-y_i)x_i^2=0\\ \frac{\partial}{\partial b}E=2\sum_{i=1}^{m}(ax_i^2+bx_i+c-y_i)x_i=0\\ \frac{\partial}{\partial c}E=2\sum_{i=1}^{m}(ax_i^2+bx_i+c-y_i)=0\end{aligned}\right\} \tag{3.12}$$

求解可得式（3.13）：

$$\begin{bmatrix} m & \sum_{i=1}^{m}x_i & \sum_{i=1}^{m}x_i^2 \\ \sum_{i=1}^{m}x_i & \sum_{i=1}^{m}x_i^2 & \sum_{i=1}^{m}x_i^3 \\ \sum_{i=1}^{m}x_i^2 & \sum_{i=1}^{m}x_i^3 & \sum_{i=1}^{m}x_i^4 \end{bmatrix}\begin{bmatrix} a \\ b \\ c \end{bmatrix}=\begin{bmatrix} \sum_{i=1}^{m}y_i \\ \sum_{i=1}^{m}x_iy_i \\ \sum_{i=1}^{m}x_i^2y_i \end{bmatrix} \tag{3.13}$$

这样就可以得到一个二次曲线，即实现了例子中 5 个散点样本数据的非线性曲线拟合，如图 3.11 所示。

从图 3.11 可以看出非线性曲线拟合的效果要比线性拟合好一些，一般来说，拟合的效果越好，曲线的复杂度越高。

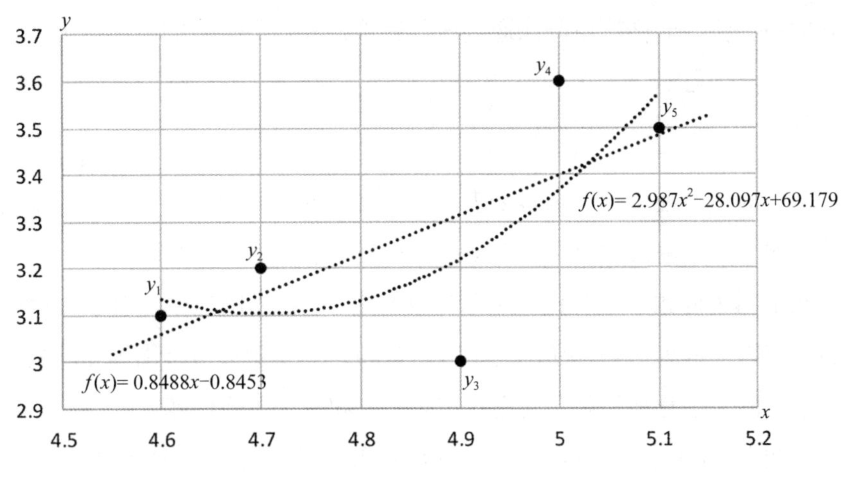

图 3.11　最小二乘法计算所得二次曲线方程

不同的数据，可以选择不同的假设函数，就可以得到不一样的拟合曲线，在 Excel 中，对数据生成散点图后，选中数据点后右击，选择添加趋势线，实际上就是对数据拟合的一种计算，如图 3.12 所示。

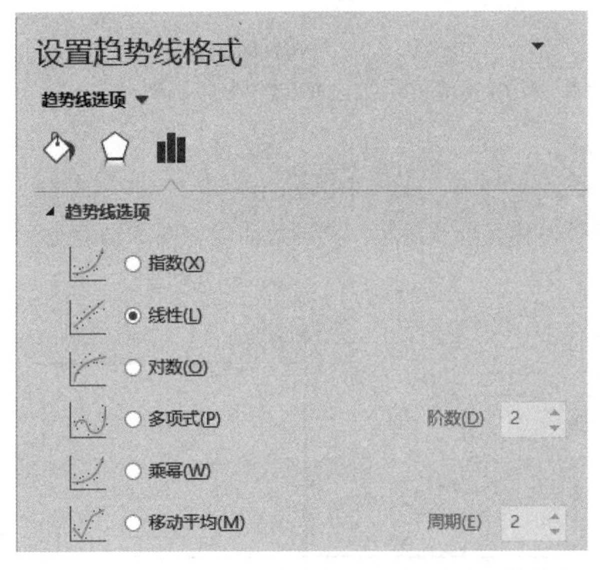

图 3.12　Excel 中对散点数据可选择生成不同的趋势线

在上面的例子中可以看到最小二乘法通过求导来求损失函数的全局最小值，这种方法可以直接获得方程解。但是由于复杂度的原因，在人工智能算法中，目前都是用梯度下降法迭代来求解损失函数的最小值。最小二乘法是直接计算出 w 和 b 的最优值，而梯度下降法通过迭代获得损失函数参数的局部最优。

3.2.3 逻辑回归

回归问题是使用一个函数来表示变量之间的关系。为简单起见，我们讨论单相关问题。单相关问题就是只有 x 和 y 两个变量之间关系的问题。

在单相关问题中，我们把 x 称为自变量，y 称为因变量。对于线性回归，可表述其回归方程为 $y = ax+b$，其中自变量和因变量的取值范围不受限制，例如在上一节中的父子身高问题和鸢尾花花萼长度和宽度关系问题。

如果把因变量 y 的取值限定为布尔值，即只能取 0 或者 1，也就是把样本的结果归结为一个二分类问题，这种问题的处理就称为逻辑回归（Logistic Regression）[17]。

还记得第 2 章里的感知机输出函数吗？如式（3.14）所示。

$$output = \begin{cases} 1 & if \sum_{i=0}^{n} w_i x_i > threshold \\ 0 & otherwise \end{cases} \tag{3.14}$$

可把式（3.14）可写成单位函数，如式（3.15）所示。

$$f(t) = \begin{cases} 1 & t \geqslant 0 \\ 0 & t < 0 \end{cases} \tag{3.15}$$

这种阈值函数也称为阶跃函数，其函数曲线如图 3.13 所示。

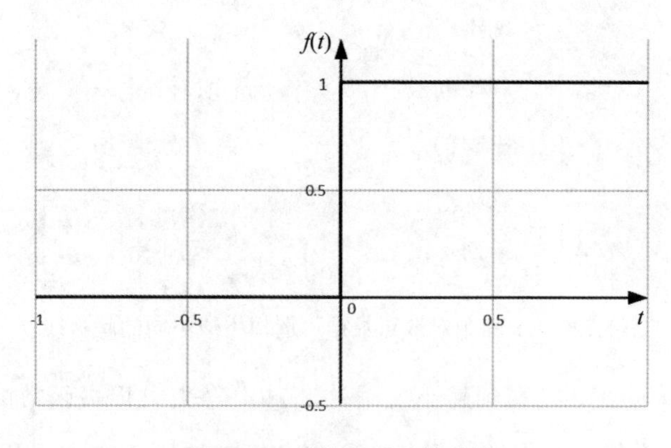

图 3.13 单位阶跃函数曲线

阶跃函数非常简单直观，实现也很容易，通过划定一个阈值就可以进行两个类别的区分。因为它是个分段函数，其曲线并不光滑，在 0 点位置是不连续的，当进行求导等数学运算时很不方便，这种阶跃分段也不符合实际样本的分布状态。基于以上问题，我们实际使用的二分类激活函数引入了 Sigmoid 函数。

在第 2 章我们简单介绍了 Sigmoid 函数。逻辑回归通过 Sigmoid 函数引入了非线性因素，因此可以轻松处理 0/1 分类问题。

那么什么是 Sigmoid 函数呢？这个函数在机器学习中会经常遇到，神经网络中的神经元激活函数也大多用它。Sigmoid 函数也称为逻辑函数（Logistic Function），其定义如式（3.16）所示。

$$g(x)=\frac{1}{1+\mathrm{e}^{-x}} \tag{3.16}$$

Sigmoid 函数曲线如图 3.14 所示。

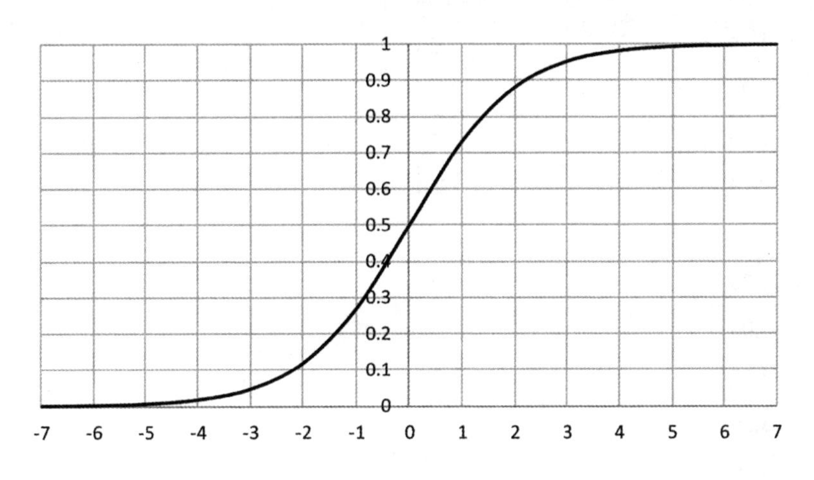

图 3.14　Sigmoid 函数曲线

Sigmoid 函数也称为 S 形函数，该函数是一个光滑的 S 形曲线，不存在不连续点，它的值域在 [0, 1] 之间，定义域则为实数域，该函数在远离原点后，函数值会快速接近 0 或者 1[18]。利用该函数的这个特性，可以在解决二分类问题中发挥其作用。

在神经网络中，神经元的激活函数也多使用该函数，因为该函数有很好的特性，其导数值可以使用该函数自身表达出来，如式（3.17）所示。

$$f'(x) = f(x)[1 - f(x)] \tag{3.17}$$

我们通过一个实例来说明逻辑回归的使用。

假设有一个班的同学复习一门课程，最后考试是否能够通过取决于很多因素，例如听课掌握情况、学习效率、复习时间、复习效率、个体差异等。我们只考虑复习时间，不考虑其他的因素，根据复习时间的长短来判断同学最终是否能够通过这门课程。采样数据见表 3.2。

表 3.2　复习时间与通过考试采样数据

复习时间 /h	考试成绩	是否通过考试
0.50	38	0
0.75	42	0
1.00	44	0
1.25	48	0
1.50	55	0
1.75	53	0
1.75	61	1
2.00	57	0
2.25	64	1
2.50	55	0
2.75	67	1
3.00	52	0
3.25	64	1
3.50	58	0
4.00	76	1
4.25	69	1
4.50	72	1
4.75	77	1
5.00	88	1
5.50	87	1

直观上，复习时间和考试成绩为正相关关系，也就是在数据上成正比，根据 3.2.2 节所学的内容，可以计算得到拟合直线方程为 y=8.6059x+37.111，如

图 3.15 所示。

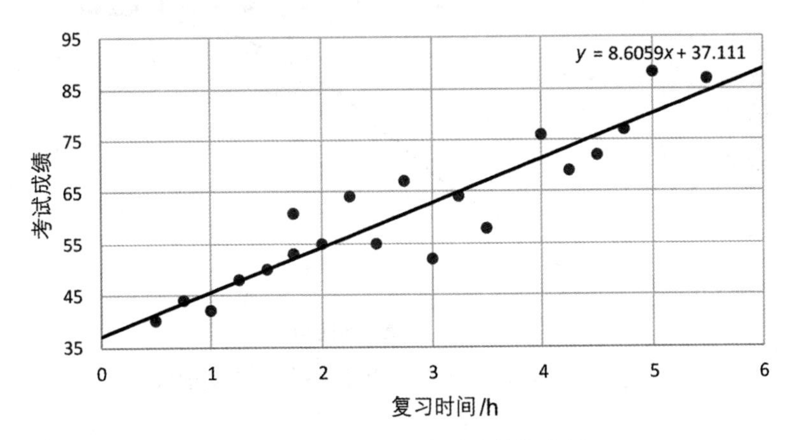

图 3.15　复习时间与考试成绩散点图

如果把因变量考试成绩改为是否通过考试，设及格线为 60，用“0”表示不通过，用“1”表示通过，见表 3.2 第三列，可画出学习时间与否通过考试之间的散点图，如图 3.16 所示。

在图 3.16 中，因变量为是否通过考试，其取值只能取“0”和“1”两个值，取 0 和取 1 的样本点在复习时间上有一定重合，并且值域压缩在 [0,1] 之间，我们可以使用 Sigmoid 函数来拟合，即使用曲线 $g(x)=\dfrac{1}{1+\mathrm{e}^{-(ax+b)}}$ 对其进行拟合，其拟合曲线形态如图 3.17 所示。

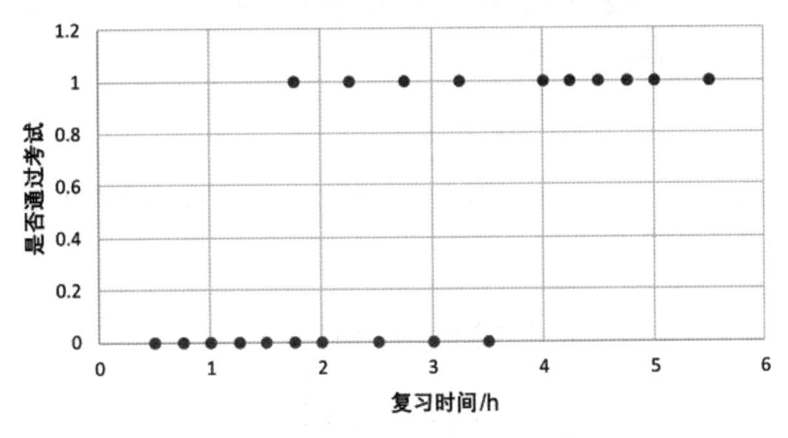

图 3.16　复习时间与是否通过考试散点图

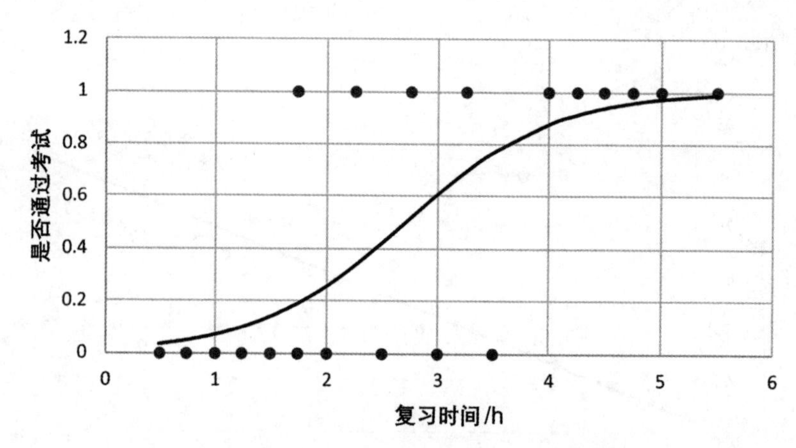

图 3.17 复习时间与是否通过考试拟合函数图像

通过计算 $g(x)=\frac{1}{1+e^{-(ax+b)}}$ 中的参数 a,b，使得函数 $g(x)=\frac{1}{1+e^{-(ax+b)}}$ 与图 3.16 中的样本数据的点集差别为最小 [19]。

基于 Sigmoid 函数，如果与线性回归方法相同，设置代价函数，如式（3.18）所示。

$$E=\sum_{i=1}^{m}[g(x_i)-y_i]^2=\sum_{i=1}^{m}\left(\frac{1}{1+e^{-(ax_i+b)}}-y_i\right)^2 \tag{3.18}$$

该函数比较复杂，它并不是一个凸函数，由于存在多个局部最优点，因此无法直接求导获得 E 的最小值。

所以需要重新设计代价函数，设置逻辑回归的代价函数，如式（3.19）所示。

$$E=\sum_{i=1}^{m}\{y_i\log g(x_i)+(1-y_i)\log[1-g(x_i)]\} \tag{3.19}$$

其中 $g(x)$ 取值如式（3.20）所示。

$$g(x)=\frac{1}{1+e^{-(ax+b)}} \tag{3.20}$$

利用微积分知识，对 a 和 b 分别求偏导数，当满足式（3.21）条件时，E 取最小值。

$$\left.\begin{aligned}\frac{\partial}{\partial a}E&=\sum_{i=1}^{m}[g(x_i)-y_i]\\ \frac{\partial}{\partial b}E&=\sum_{i=1}^{m}[g(x_i)-y_i]x_i\end{aligned}\right\} \tag{3.21}$$

其中 $g(x)$ 取值如式（3.20）所示。

通过表 3.2 中样本数据，利用逻辑回归算法进行模型训练，可以得到结果，如式（3.22）所示。

$$\left.\begin{aligned} a &= 1.5046 \\ b &= -4.0777 \end{aligned}\right\} \tag{3.22}$$

代入公式可得式（3.23），其中 x 为复习的时间，$g(x)$ 为对应复习时间通过考试的概率，其拟合函数的图像如图 3.17 所示，计算结果见表 3.3。

$$g(x) = \frac{1}{1 + \mathrm{e}^{-(1.5046x - 4.0777)}} \tag{3.23}$$

这样，根据同学投入复习的时间，我们就可以预测该同学通过考试的概率。

表 3.3　复习时间与通过考试概率估计

复习时间 /h	通过考试概率
0.50	0.03471
1.00	0.07089
1.50	0.139338
2.00	0.255688
2.50	0.421602
3.00	0.607329
3.50	0.766455
4.00	0.874429
4.50	0.936612
5.00	0.969091
5.50	0.985191

机器学习给出的是一种可能性的概率值，例如上面的例子，即使复习时间达到 5.5 小时，通过考试的概率也没达到 100%；而复习时间只有 0.5 小时，也有 3% 的概率通过考试。

3.3　聚类

在前面学到的分类预测也好，回归分析也好，样本数据都是已知类别的，我们通过已知类别的数据来推测未知数据的类别。如果样本数据本身是无标注的，我们可以针对数据的相似性和差异性将一组数据分为几个类别，这种寻找数据之间的相似性并将之划分组的方法称为聚类。

3.3.1 聚类的概念

无监督学习典型的案例实现是聚类。聚类算法的目的是把相似的东西聚在一起，而我们并不关心这些相似的东西的本质是什么。聚类算法可以通过计算相似度来实现。

如图 3.18 所示为 IRIS 样本的部分无标注数据，在数据有标注的情况下，利用第 2 章介绍的方法，我们可以很容易地找到它们的分界线，但是在无标注的情况下，这种分界就不明显了。

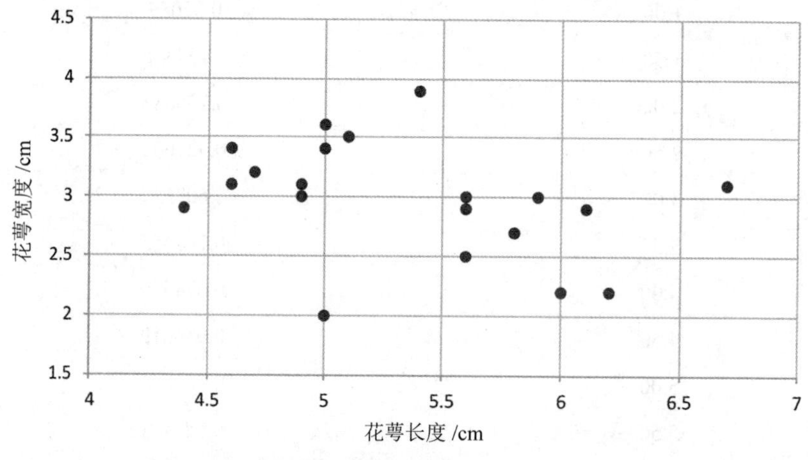

图 3.18　无标签的部分 IRIS 样本

如果我们知道这些样本数据是属于两类的话，我们的大脑就可以大致区分出在左上角属于一类，而在右下角属于另一类，如图 3.19（a）所示，也有可能区分成如图 3.19（b）所示。

不论是图 3.19（a）还是图 3.19（b），它们都是特征点距离相近的两类数据放在一起，聚类就是通过算法实现这一过程。

特征点距离也称为特征距离（feature distance），在二维空间里，我们可以使用平面距离来表示特征点距离。

例如，平面上的两个点 (x_1, y_1) 和 (x_2, y_2)，它们之间的平面距离公式如式（3.24）所示。

$$d = \sqrt{(x_2 - x_1)^2 + (y_2 - y_1)^2} \tag{3.24}$$

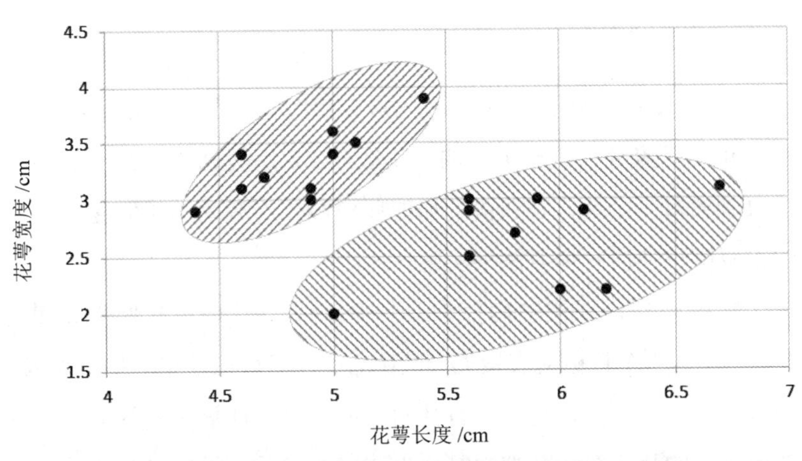

（a）IRIS 花萼长度与宽度（部分）

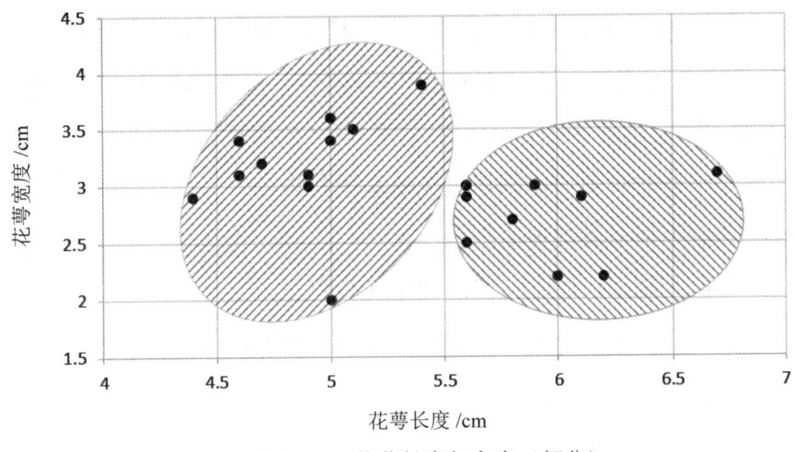

（b）IRIS 花萼长度与宽度（部分）

图 3.19 人工判断的 IRIS 样本聚类

聚类算法应用非常广泛，使用的典型案例包括用户画像、电商物品聚类、社交网络分析等。

用户画像也被称为用户角色，它是基于大数据通过网络中用户的各种具体信息抽象成用户标签，以便能够为用户提供有针对性的服务。

在聚类中，被划分为同一类的数据对象被称为簇，在相同的簇中，数据对象具有较高的相似度，在不同的簇中，数据对象相似度差别较大。通常聚类的表示可以通过簇的中心点或者边界点来表示空间的一类点。

3.3.2 K 均值聚类算法

在聚类分析中，K 均值算法（K-mean）为最广泛的一种算法，通过 K 均值算法，能够自动地将相同元素分为紧密关系的子集或簇。k 是其算法中的一个参数，是指把目标对象聚成多少个簇，在簇内的相似度较高，而簇间的相似度较低。在 K 均值算法中相似度也使用一个算法来实现。

设有 n 个特征向量，要把它们分为 k 个簇，$n \geqslant k$，现在我们需要随机从 n 中选择 k 个目标，这 k 个目标代表聚类簇的中心，一般可以使用平均值作为中心；对于剩余的每一个特征向量，每一个特征向量读入后，计算它与各个簇中心的距离，找到离他最近的那个簇，并把它赋予为该簇的成员，然后重新计算每个簇的平均值作为中心，不断重复以上过程。

当所有的特征向量都被赋予簇成员后，还需要对每个簇成员与不同的簇中心计算距离，如果属于 A 类簇的成员离 B 类簇的距离更近，则将其从 A 类簇中划出，合并入 B 类簇，然后重新计算簇的中心；重复以上步骤，直到我们设定的准则函数收敛，准则函数的收敛表示簇尽可能地紧凑和独立。

K 均值算法按步骤描述如下：

第一步，随机选取 k 个样本，作为初始簇的中心。

第二步：将每个样本划分到和它给距离最近的簇所在的类。

第三步：重新计算簇的中心。

第四步，计算准则代价函数 E。

第五步：重复第二、三步，直到准则函数收敛。

准则函数公式如式（3.25）所示。

$$E=\sum_{i=1}^{k}\sum_{x\in C_i}\left|x-\overline{x}_i\right|^2 \tag{3.25}$$

式（3.25）中的函数表示的是所有样本特征向量的平方误差的和，x 表示样本数据特征向量，$\bar{x}_i$ 是簇 C_i 的平均值。这里准则函数的含义实际上是指平方误差的和最小。

K均值算法作为聚类的一种经典算法，具有简单快速的特点。该算法试图找出平方误差函数值最小的 k 个簇，如果簇比较密集，簇之间的区分明显时，算法效果比较好。

但是，K均值算法需要提前定义 k 值，这是它的一个缺点；而且它对初始值设定比较敏感，不同的初始值会产生不同的结果；如果簇的大小差别很大，也不适合使用K均值算法聚类；K均值算法对噪声和孤立点的数据比较敏感，因为这些点会对平均值产生较大影响。

在实际应用中，K均值算法中，在初始化设定聚类中心时，各个中心之间的相互距离要尽可能的远。

3.3.3 层次聚类算法

层次聚类分为两种策略，一种策略是自底向上的策略，它把每一个对象作为单独的一个簇，然后对各个簇进行有条件的合并，直到达到某个终结条件，这种层次聚类的方法称为凝聚的层次聚类，也称为AGNES算法。

相对应的是分裂的层次聚类，也被称为DIANA算法，它是采用自顶向下的策略，首先把所有的对象看作单独的一个簇，然后逐渐细分成越来越小的簇，直到达到某个终结条件。

在这里，我们介绍AGNES算法步骤：

第一步：将每个样本特征向量作为一个初始簇。

第二步：根据两个簇中最近的数据点寻找最近的两个簇。

第三步：合并两个簇，生成新的簇的集合，并重新计算簇的中心点。

第四步：重复以上第二、三步，直到达到所需要的簇的数量。

3.4 相似度计算

在前面的描述中，为了便于大家理解，在二维空间中，涉及的特征点之间的远近关系或者点到直线之间的距离都是直接使用平面直线距离来说明的。实际上特征点之间的距离可以由多种算法来实现，即向量的相似度计算，下面就介绍一些常见的向量相似度计算[20]方法。

1. 欧氏距离

平面上两点间的距离即为二维向量的欧氏距离（Euclidean Distance），是在二维平面上两点 $A(x_1, y_1)$ 与 $A(x_2, y_2)$ 间的欧氏距离。

例如，平面上的两个点 (x_1, y_1) 和 (x_2, y_2)，它们之间的平面距离公式如式（3.26）所示。

$$d = \sqrt{(x_2 - x_1)^2 + (y_2 - y_1)^2} \tag{3.26}$$

在三维空间上的两个点 (x_1, y_1, z_1) 和 (x_2, y_2, z_2)，则这两个三维点的空间距离公式如式（3.27）所示。

$$d = \sqrt{(x_2 - x_1)^2 + (y_2 - y_1)^2 + (z_2 - z_1)^2} \tag{3.27}$$

推广到 n 维空间，两个 n 维特征向量 $(x_1, x_1, \cdots, x_n)$ 和 $(y_1, y_1, \cdots, y_n)$ 之间的特征距离可以使用式（3.28）表示。

$$d = \sqrt{(y_1 - x_1)^2 + (y_2 - x_2)^2 + \cdots + (y_n - x_n)^2} \tag{3.28}$$

即在 n 维空间，欧氏距离公式为式（3.29）：

$$d = \sqrt{\sum_{i=1}^{n} (y_i - x_i)^2} \tag{3.29}$$

2. 标准化欧氏距离

前面所描述的欧氏距离如果数据在各个维度分量上分布不均匀，会使得欧氏距离不能很好地体现特征之间的关系，针对这一缺点，如果我们把各个维度分量都以其均值和方差进行标准化处理，则称为标准化欧式距离（Standardized Euclidean Distance）。

对于 n 维向量 $X=(x_1, x_1, \cdots, x_n)$，此向量的标准化可表示为式（3.30）：

$$X^* = \frac{X - m}{s} \tag{3.30}$$

其中 m 为向量均值（mean），如式（3.31）所示。

$$m=\frac{x_1+x_2+\cdots+x_n}{n} \tag{3.31}$$

s 为标准差（standard deviation），标准差是方差的算术平方根，具体公式如式（3.32）所示。

$$s=\sqrt{\frac{(x_1-m)^2+(x_2-m)^2+\cdots+(x_n-m)^2}{n}} \tag{3.32}$$

则对于两个 n 维特征向量 $(x_1, x_2,\cdots, x_n)$ 和 $(y_1, y_2, \cdots, y_n)$ 之间的标准化欧式距离可以使用式（3.33）表示。

$$d=\sqrt{\sum_{i=1}^{n}\left(\frac{y_i-x_i}{s_i}\right)^2} \tag{3.33}$$

3. 曼哈顿距离

曼哈顿距离（Manhattan Distance）来源：在城市中，如果想要从一个路口到达另一个路口，距离的远近并不是按照直线距离来计算的，实际的道路距离就是“曼哈顿距离”。

曼哈顿距离也称为城市街区距离（City Block Distance）。曼哈顿距离实际上就是两个点在标准坐标系上的绝对轴距总和。

例如，平面上的两个点 (x_1, y_1) 和 (x_2, y_2)，它们之间的曼哈顿距离如公式（3.34）所示。

$$d=|x_1-x_2|+|y_1-y_2| \tag{3.34}$$

推广到 n 维空间，两个 n 维特征向量 $(x_1, x_1,\cdots, x_n)$ 和 $(y_1, y_1, \cdots, y_n)$ 之间的曼哈顿距离可以使用公式（3.35）表示。

$$d=\sum_{i=1}^{n}|x_i-y_i| \tag{3.35}$$

4. 切比雪夫距离

切比雪夫距离（Chebyshev Distance）是向量空间中的一种度量，两个点之间的距离定义是其各坐标数值差绝对值的最大值。在国际象棋棋盘上，两个位置间的切比雪夫距离是指王要从一个位子移至另一个位子需要走的步数。由于王可以往斜前或斜后方向移动一格，因此可以比较高效率地到达目标格子。切比雪夫距离也会用在仓储物流中。

例如，平面上的两个点 (x_1, y_1) 和 (x_2, y_2)，它们之间的切比雪夫距离可用公式（3.36）表示。

$$d = \max(|x_1 - x_2|, |y_1 - y_2|) \tag{3.36}$$

推广到 n 维空间，两个 n 维特征向量 $(x_1, x_1, \cdots, x_n)$ 和 $(y_1, y_1, \cdots, y_n)$ 之间的切比雪夫距离可以使用公式（3.37）表示。

$$d = \max_i(|x_i - y_i|) \tag{3.37}$$

它也可以写成另一种形式，如式（3.38）所示。

$$d = \lim_{k \to \infty}\left(\sum_{i=1}^{n}|x_i - y_i|^k\right)^{1/k} \tag{3.38}$$

5. 马氏距离

马氏距离（Mahalanobis Distance）表示数据的协方差距离。对于两个未知样本集，可以通过计算其马氏距离来作为一种有效的相似性判断[21]。它考虑到特征向量之间的联系，并且与尺度无关。

对于 n 个样本向量 $X_1, X_2, \cdots, X_n$，其均值向量为 m，协方差矩阵记为 S，则样本向量 X 到 m 的马氏距离如式（3.39）所示。

$$d = \sqrt{(x-m)^T S^{-1}(x-m)} \tag{3.39}$$

对于两个 n 维特征向量 $(x_1, x_1, \cdots, x_n)$ 和 $(y_1, y_1, \cdots, y_n)$ 之间的马氏距离可以使用式（3.40）表示。

$$d = \sqrt{(x-y)^T S^{-1}(x-y)} \tag{3.40}$$

6. 闵可夫斯基距离

闵可夫斯基距离（Minkowski Distance）也被称为闵氏距离，闵氏距离是一组距离的定义。

对于两个 n 维特征向量 $(x_1, x_1, \cdots, x_n)$ 和 $(y_1, y_1, \cdots, y_n)$ 之间的闵氏距离可以使用式（3.41）表示。

$$d = \sqrt[p]{\sum_{i=1}^{n}|x_i - y_i|^p} \tag{3.41}$$

其中 p 是变参。

当 p=1 时，就是曼哈顿距离。

当p=2时，就是欧氏距离。

当$p \to \infty$时，就是切比雪夫距离。

7. 余弦距离

夹角余弦可用来衡量两个向量方向的差异，即衡量样本向量之间的差异[22]。

例如，平面上的两个点(x_1, y_1)和(x_2, y_2)，它们之间的夹角余弦公式为式(3.42)：

$$\cos\theta = \frac{x_1 x_2 + y_1 y_2}{\sqrt{{x_1}^2 + {x_2}^2}\sqrt{{y_1}^2 + {y_2}^2}} \tag{3.42}$$

将其推广到n维空间，两个n维特征向量$(x_1, x_1, \cdots, x_n)$和$(y_1, y_1, \cdots, y_n)$之间的余弦距离（Cosine Distance）可以使用式（3.43）表示。

$$\cos\theta = \frac{\sum_{i=1}^{n} x_i y_i}{\sqrt{\sum_{i=1}^{n} {x_i}^2}\sqrt{\sum_{i=1}^{n} {y_i}^2}} \tag{3.43}$$

两个向量的夹角余弦取值范围为[−1,1]。

夹角余弦越大表示两个向量的夹角越小，夹角余弦越小表示两向量的夹角越大。

当两个向量的方向重合时夹角余弦取最大值1，当两个向量的方向完全相反夹角余弦取最小值 −1。

8. 汉明距离

汉明距离（Hamming Distance）主要是两个二进制编码之间的差别，它是对从一个编码转换为另一个编码所需替换的最小位数[23]。

例如编码“1000”变成“1001”只需把最后一位从0替换为1，只需要替换1次，所以这两个编码之间的汉明距离为1。

9. 杰卡德相似系数与杰卡德距离

杰卡德相似系数（Jaccard Similarity Coefficient）可用来计算两个集合之间的相似度，通过计算集合A和B的交集元素在A，B的并集中所占的比例，使用符号$J(A,B)$表示[24]，如式（3.44）所示。

$$J(A,B)=\frac{|A \cap B|}{|A \cup B|} \tag{3.44}$$

杰卡德距离（Jaccard Distance）用来计算两个集合A和B之间的差异，即属

于 A 不属于 B 的元素以及属于 B 不属于 A 的元素在 A，B 的并集中所占的比例，使用符号 $J_\delta(A,B)$ 表示，如式（3.45）所示。

$$J_\delta(A,B)=1-J(A,B)=\frac{|A\cup B|-|A\cap B|}{|A\cup B|} \tag{3.45}$$

10. 相关系数与相关距离

相关系数（Correlation Coefficient）可用来计算两组向量之间的线性相关关系，相关系数的取值范围是 [−1,1][25]。相关系数的绝对值越大，则表明 X 与 Y 相关度越高。当 X 与 Y 线性相关时，相关系数取值为 1（正线性相关）或 −1（负线性相关）。相关系数可使用公式（3.46）计算。

$$\rho_{XY}=\frac{Cov(X,Y)}{\sqrt{D(X)}\sqrt{D(Y)}} \tag{3.46}$$

式中：$Cov(X,Y)$ 为 X 与 Y 的协方差，$D(X)$ 为 X 的方差，$D(Y)$ 为 Y 的方差。

相关距离（Correlation Distance）与相关系数表示的含义相反，具体计算如公式（3.47）所示。

$$d=1-\rho_{XY} \tag{3.47}$$

3.5 小结

在机器学习的过程中，如果数据的分类是已知的，利用已知输入数据和输出数据的对应关系生成分类学习的方法，这种学习类型被称为监督学习。如果数据集没有被标注过，而是通过算法实现对原始资料的分类，则称为无监督式学习。

回归是监督学习的典型类型，聚类是无监督学习的典型类型。本章重点介绍了回归与聚类这两种典型的机器学习方法。

第 4 章　神经网络与深度学习

这一章我们把“神经网络”和“深度学习”并列放在了一起，只是为了突出“深度学习”在现在这个年代的地位。实际上，深度学习只是神经网络的一个分支，它还有一个名字叫“深度神经网络”，和它对应的早期的神经网络可以统称为“浅层神经网络”。

4.1　人工神经网络的发展历史

第 2 章介绍过的 MP 模型即为最早的人工神经元实现模型。1943 年，美国的神经生理学家沃伦 • 麦卡洛克和当时高中都没毕业的沃尔特 • 皮茨发表了神经网络的开山之作“A Logical Calculus of Ideas Immanent in Nervous Activity”，在这篇文章里他们提出了人工神经元的数学实现模型，标志着人工神经网络研究的开始。该模型被称为麦卡洛克－皮茨神经模型（MP 模型）[26]。MP 模型采用手动分配权重的方式，而权重的分配直接影响模型的输出效果。

1949 年，认知生理心理学家唐纳德•赫布（图 4.1）发表的文章“Organization of Behavior”中描述了被称为是 Hebb 规则的神经元学习法则。该规则认为，细胞之间的关联度与被同时激活的概率有关。

1957 年，弗兰克 • 罗森布拉特（图 4.2）提出了感知机模型，它在 MP 模型基础上进行了改进，它能够让计算机更加自动、更加合理地设置权重，感知机是一种前馈式人工神经网络，也被称为单层的人工神经网络。

图 4.1　沃伦·麦卡洛克、沃尔特·皮茨和唐纳德·赫布（从左至右）

罗森布拉特的感知机在当时引起了轰动，并掀起了人工神经网络研究的高潮。但是遭到了当时已是人工智能大佬的明斯基的批判，他和 MIT 的教授西蒙·佩伯特合作出版了《感知机：计算几何学》，明斯基和佩伯特在书中以完全对立批判的方式指出了感知机模型的缺陷，即单层神经网络不能解决“异或”问题，并且在第一版的序言中直接诋毁“罗森布拉特的论文大多没有科学价值”。这对罗森布拉特是一个致命打击，1971 年，年仅 43 岁的罗森布拉特在划船时淹死，那一天是他的生日，很多人认为他是自杀。值得一提的是，明斯基和罗森布拉特还是同一所高中的上下届的同学。

明斯基的打击导致了神经网络十余年发展的低谷。1974 年，哈佛大学的博士生保罗·沃波斯在其博士论文中提出通过在神经网络上多加一层，并使用后向传播学习算法，可以解决“异或”问题。即使如此，由于当时正值神经网络发展的低谷期，该论文并未引起足够重视。

一直到 1982 年，加州理工的约翰·霍普菲尔德（图 4.2）提出以他名字命名的一种新的神经网络，可以解决一类组合优化问题，成功求解了著名的难题——旅行商问题，引起了巨大反响，重新振奋了神经网络领域 [27,28]。

随后，由心理学家大卫·鲁梅尔哈特、詹姆斯·麦克利兰德和计算机学家杰弗里·辛顿等人掀起了连接主义运动，其代表性成果是被称为神经网络圣经的著名文集 *Parallel and Distributed Processing*，培养了一大批神经网络的新兴学者，推动了神经网络在 20 世纪 80 年代末和 90 年代初的再一次兴起。在这期间，以支持向量机 SVM 算法为代表的统计学习理论也快速发展起来。由于 SVM 具有完善的理论体系，其效果也非常理想，再加上神经网络本身随着网络层数的增加，训练数据的难度也会成倍增加，这些因素使得神经网络在 20 世纪 90 年代中后期再次陷入发展的低谷。

图 4.2　弗兰克・罗森布拉特和约翰・霍普菲尔德（从左至右）

21 世纪互联网的快速发展给了神经网络更大的舞台，2006 年辛顿和学生在 *Science* 一起发表了利用 RBM 编码的深层学习的论文“Reducing the Dimensionality of Data with Neural Networks”，提出了在神经网络中降维和逐层预训练的方法，开启了深度学习领域的大门。2012 年，在 ImageNet 图像识别国际大赛中，辛顿的算法把错误率控制在了 15% 以下，超过第二名 10%。

杰弗里・辛顿、杨・勒丘恩和约书亚・本吉奥（图 4.3）被认为是深度学习的三大奠基人，辛顿因为对深度学习开创性的贡献被称为“人工智能教父”，现在辛顿在加拿大多伦多大学教书，同时也在谷歌建设著名的谷歌大脑。勒丘恩博士毕业后跟随辛顿从事博士后研究，卷积神经网络是勒丘恩在贝尔实验室期间发展起来的，现在勒丘恩在 Facebook 负责其人工智能实验室。本吉奥曾在贝尔实验室与勒丘恩一起共同从事深度学习的研究，他在自然语言领域有许多突出的成果，直接推动了人工智能在自然语言领域的应用，他现在在蒙特利尔大学任教。

2019 年 3 月 27 日，美国计算机协会（ACM）宣布勒丘恩、辛顿和本吉奥这三位深度学习之父获得了2018年度图灵奖，因为他们在概念和工程方面的突破性工作使深度神经网络变成了计算的一个关键组成部分[29]。

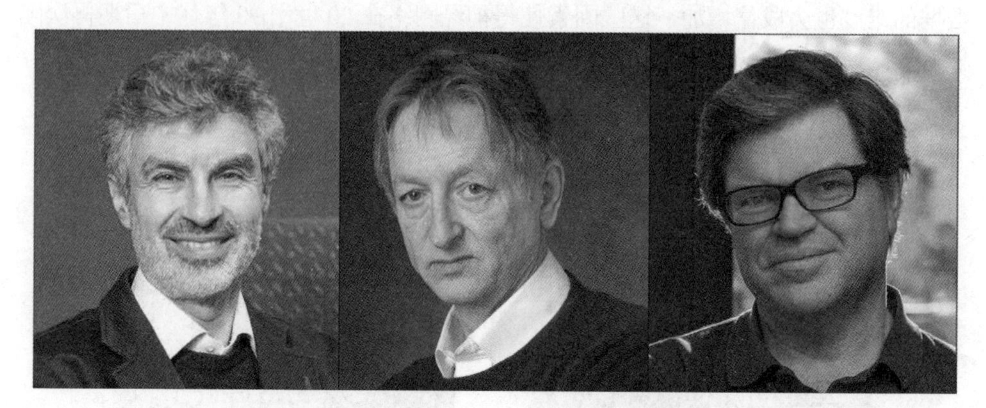

图4.3 勒丘恩、辛顿和本吉奥（从左至右）（图片来源：acm.org）

如今，深度学习已经成为人工智能最基础最广泛应用的方法，并以实用的效果把一个个人工智能应用实际落地，我们已进入一个新的时代——人工智能的时代。

图4.4给出了人工神经网络的历史发展图，从图中我们可以看出，从人工神经网络出现以来，已经经历了三起三落，虽然现在深度学习的应用使得神经网络有很大的发展，但还是有很多理论基础不够完善，还有很多问题有待解决。在未来，人工智能的突破必然是在人类智能机理发现的突破基础上，接下来神经网络包括人工智能的发展如果不能突破现有发展瓶颈继续向上，则有可能会迎来又一次发展的“冬天”。

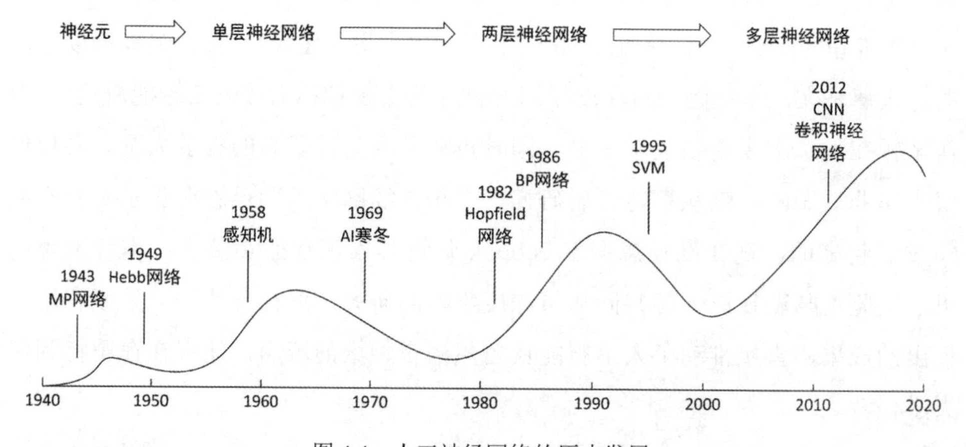

图4.4 人工神经网络的历史发展

4.2 神经网络的分类

人工神经网络在计算机领域也被直接简称为神经网络。但从严格意义上讲，当我们提到神经网络的时候，它是一个具有很宽泛概念的领域，其中包含了两大类的内容。一类是生物学中研究的生物神经系统，也被称为生物神经网络。另一类才是人工神经网络。

人工神经网络的思路是通过脑科学研究并将其数学化，以试图找出人工智能的解决方式。我们都认为人工神经网络是因为要模拟生物神经网络而产生的，不可否认的是人工神经网络发展中的很多灵感来自于生物神经网络，但是很多生物学家和计算机学家都认为人工神经网络和生物神经网络没有很强的相关性[30]。

4.2.1 生物神经网络

在古代，人们认为思维活动的来源是心脏而不是大脑，因为人们的情绪可以通过心脏而明显地感受到而不是大脑。现代医学的发展已让我们越来越了解大脑，但是大脑的奥秘依然与宇宙的演化、生命的起源和物质的结构一起作为科学的四大难题[31]。

人类大脑是一个极其复杂的系统，我们现在已经知道大脑只占质量的 2%，但它要消耗的氧气占我们全身氧气消耗的 20%，葡萄糖的消耗则为 25%，循环的血液占心脏排出量的 20%。

如图 4.5 所示，大脑是外形是如同核桃一样的果冻状物体，其表面有很多褶皱，这样可以在有限的空间内获得更大的表面积。大脑最外面脑皮层是灰色的，我们称为灰质，它只有几毫米厚，里面是 100 亿个神经元细胞，灰质的里面是白色的，但在白色层里没有神经元细胞，只有神经元细胞之间的连接，每个神经元细胞都通过这种连接线和其他上千个神经元细胞相连接。即使小小的蜜蜂，也有 10 万个神经元细胞，而大象所拥有的神经元细胞要比人类还要多一个数量级。

在第 2 章我们已经简单介绍了生物神经元和神经网络的基本结构和工作机制。

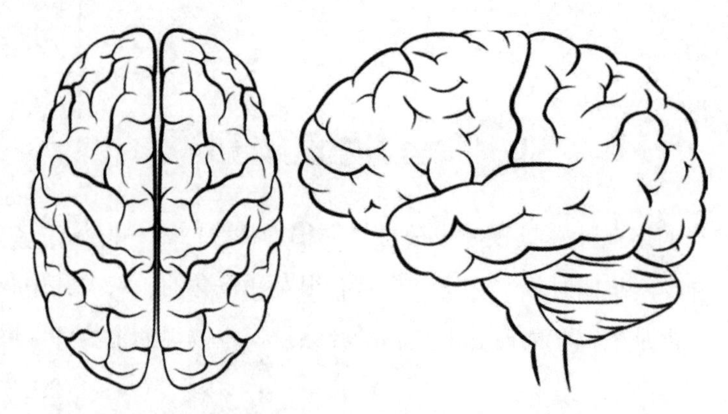

图 4.5　大脑示意图（图片来源：51yuansu.com）

曾经有人估算过，如果将一个人的大脑中所有神经细胞的轴突和树突依次连接起来，并拉成一根直线，可从地球连到月亮，再从月亮返回地球。

每个神经元细胞通过它的树突和大约 10000 个其他的神经细胞相连。其信号利用电－化学过程来交换信号。神经元细胞一般只处于兴奋和抑制两种状态，当通过树突接受到的其他神经元细胞信号超过一定量后，它就处于兴奋状态，兴奋状态下，神经元细胞会改变信号发射的频率。

如果一个神经元细胞总是接收从另一个神经元传递过来的信号，它们之间的连接就会发生改变，再接收信号时该神经元细胞就会更容易兴奋；反过来，如果一个神经元细胞总是接收不到另一个神经元传递过来的信号，则该连接就会变得不容易让神经元细胞兴奋。

多个神经元细胞是并行工作的，这使得我们的大脑能够在很短的时间内处理复杂的问题。

大脑善于归纳总结推广，这使得我们能够不断学习新的知识，并把已学到的知识应用到未知的领域内，人工智能正在努力朝着这个方向前进。

以上这些已经被发现的大脑工作的过程好像通过计算机我们都已经或者在可见的未来都能够模拟出来，但是，我们的大脑是有意识的，到底什么是意识，其概念还很模糊，而在这一点上，人工智能还毫无头绪。

4.2.2　人工神经网络

人工神经网络（Artificial Neural Network，ANN）利用现有的计算机工具，来模拟大脑工作的过程，并实现大脑所能完成的类似的功能。

前面介绍的 MP 和感知机模拟的就是大脑的神经元细胞，所以在人工神经网络中称为神经元模型。

如图 4.6 所示，人工神经网络中又可分为前馈神经网络和反馈神经网络。

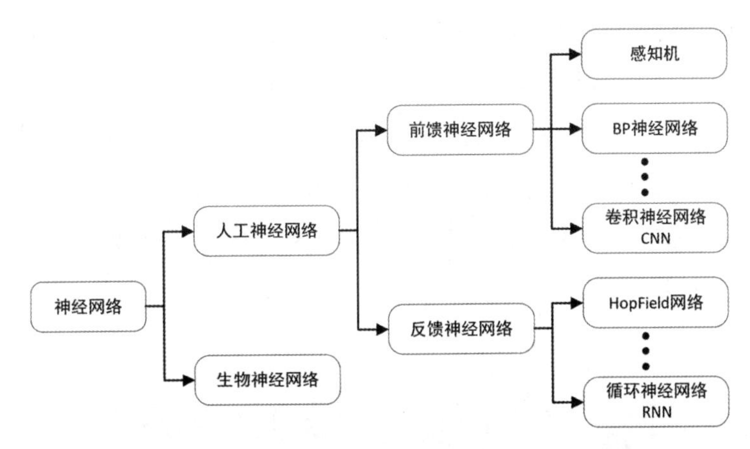

图 4.6　神经网络的分类

前馈神经网络也简称为前馈网络，它是一种最简单的神经网络，各神经元分层排列。每个神经元只与前一层的神经元相连，接收前一层的输出，并输出给下一层。在该类神经网络中，各神经元从输入层开始，接收前一级输入，并输出到下一级，直至输出层。整个网络中无反馈[32,33]。

前馈神经网络采用一种单向多层结构。其中每一层包含若干个神经元，同一层的神经元之间没有互相连接，层间信息的传送只沿一个方向进行。其中，第一层称为输入层；最后一层为输出层；中间为隐含层，简称隐层，隐层可以是一层，也可以是多层[34]。

感知机是最简单的前馈神经网络，后面我们要介绍的 BP 神经网络以及深度学习中的卷积神经网络 CNN 都属于前馈神经网络。

反馈神经网络（Recurrent Neural Network）又称自联想记忆网络，其目的是设计一个网络，储存一组平衡点，使得当给网络一组初始值时，网络通过自行运行而最终收敛到这个设计的平衡点上。

著名的 Hopfield 网络就是反馈神经网络。深度学习中的 RNN 也属于一种反馈神经网络。

4.3 浅层神经网络

4.3.1 多输出感知机

相对于现在流行的深层神经网络（深度学习），我们把感知机、BP 神经网络等早期层次较少的神经网络称为浅层神经网络。

在第 2 章给出的感知机中要预测的目标实际上是一个二进制值，也就是一个“是”与“非”的问题。

重温一下感知机模型，如图 4.7 所示，感知机的输入是数据 $x_1, x_2, \cdots, x_n$，输出可使用式（4.1）表示。

$$output = \sum_{i=1}^{n} w_i x_i = w_1 x_1 + w_2 x_2 + \cdots + w_n x_n \tag{4.1}$$

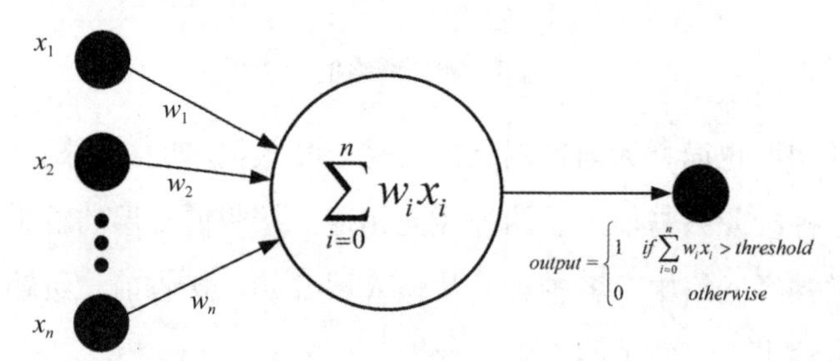

图 4.7　感知机模型

在这里，我们对感知机做一点改变，输入保持不变，把输出增加为两个，如图 4.8 所示。

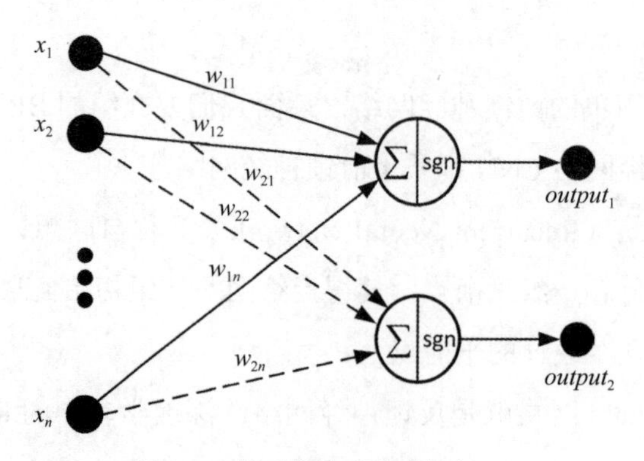

图 4.8　有两个输出的感知机

我们把针对第一个输出的连接权重使用 $w_{11}, w_{12}, \cdots, w_{1i}, \cdots, w_{1n}$ 表示，针对第二个输出的连接权重使用 $w_{21}, w_{22}, \cdots, w_{2i}, \cdots, w_{2n}$ 表示，各输出值按公式（4.2）计算。

$$\left.\begin{aligned} output_1 = \sum_{i=1}^{n} w_{1i}x_i = w_{11}x_1 + w_{12}x_2 + \cdots + w_{1n}x_n \\ output_2 = \sum_{i=1}^{n} w_{2i}x_i = w_{21}x_1 + w_{22}x_2 + \cdots + w_{2n}x_n \end{aligned}\right\} \tag{4.2}$$

我们把输入写成 $[x_1, x_2, \cdots, x_n]^{\mathrm{T}}$，这是一种一维矩阵的表示方法，右上角的 T 表示该矩阵为一个转置矩阵。

转置矩阵是把一个行表示的矩阵 $[x_1, x_2, \cdots, x_n]$ 顺时针旋转 90° 变成一个列表示的矩阵 $\begin{bmatrix} x_1 \\ x_2 \\ \vdots \\ x_n \end{bmatrix}$。

以同样的方式，输出使用向量 $\boldsymbol{y} = [output_1, output_2]^{\mathrm{T}} = \begin{bmatrix} output_1 \\ output_2 \end{bmatrix}$ 来表示，即有两个输出向量。系数使用矩阵 $\boldsymbol{W} = \begin{bmatrix} w_{11} & w_{21} \\ w_{12} & w_{22} \\ \vdots & \vdots \\ w_{1n} & w_{2n} \end{bmatrix}^{\mathrm{T}} = \begin{bmatrix} w_{11} & w_{12} & \cdots & w_{1n} \\ w_{21} & w_{22} & \cdots & w_{2n} \end{bmatrix}$，输出计算使用 g 来表示。

这样就可以写出感知机输出的矩阵运算公式，如式（4.3）所示。

$$g(\boldsymbol{W} * x) = \boldsymbol{y} \tag{4.3}$$

当然可以再进行扩展，输出节点可以是 3 个、4 个甚至更多。这样实际就实现了把一个神经元的输出可以向多个神经元进行传递。

4.3.2 多层神经网络

由于接下来的内容中涉及逻辑运算，在这里对逻辑运算的基本知识先做一个简单介绍。

1. 逻辑运算基本知识

为了纪念英国 19 世纪的著名数学家布尔在符合逻辑中的贡献，逻辑运算也被称为布尔运算。

顺便提一句，被称为“人工智能教父”的辛顿是布尔的外曾曾孙，辛顿的曾祖母是布尔的大女儿。

逻辑运算的对象为二进制的 0 和 1，被称为逻辑常量，表示两个对立的状态。逻辑变量与普通代数一样可以使用字母、符号、数字及其组合来表示。

逻辑运算有“与”“或”“非”三种基本运算，也称为“逻辑乘法”“逻辑加法”和“逻辑否定”运算。

这三种基本运算分别使用“AND/and/”“OR/or”“NOT/not”来表示，在计算机编程中，常使用符号“&&”“||”“！”来表示，异或则使用“XOR/xor”或“^”表示。

（1）逻辑加法（“或”运算）。逻辑加法通常用符号“+”或“∨”来表示，在计算机编程中常使用“OR”“or”或“||”来表示。

逻辑加法运算规则如下：

0+0=0

0+1=1

1+0=1

1+1=1

也就是说，对于“或”运算，在给定的逻辑变量中，当 A 和 B 的值只要有一个为 1，则输出即为 1；如果 A 和 B 均为 0，则“与”运算结果为 0。

（2）逻辑乘法（“与”运算）。逻辑乘法通常用符号“×”“∧”或“•”来表示，在计算机编程中常使用“AND”“and”或“&&”来表示。

逻辑乘法运算规则如下：

0×0=0

0×1=0

1×0=0

1×1=1

对于“与”运算，就是当两个输入数 A 和 B 的值均为 1 时，输出才为 1；如果 A 和 B 中有一个 0 值，则“与”运算结果即为 0 值。

（3）逻辑否定（“非”运算）。逻辑非运算又称逻辑否运算，通常用符号“~”

来表示，在计算机编程中常使用“NOT”“not”或“！”来表示。

其运算规则为：

~0=1

~1=0

对于“非”运算，对 1 求“非”为 0；对 0 求“非”为 1。

（4）异或逻辑运算。异或运算通常用符号“⊕”表示，在计算机编程中常使用“XOR”或“xor”表示。其运算规则为：

0 ⊕ 0=0

0 ⊕ 1=1

1 ⊕ 0=1

1 ⊕ 1=0

对于“异或”运算，当 A 和 B 的值相同时，即均为 1 或者均为 0 时，输出结果为 0；当 A 和 B 的值不相同时，“异或”输出结果为 1。

逻辑运算的运算结果也可使用真值表来表示，见表 4.1。

表 4.1 逻辑运算规则真值表

输入 *A*	输入 *B*	*A* && *B*	*A* || *B*	! *A*	*A* ^ *B*
0	0	0	0	1	0
0	1	0	1	1	1
1	0	0	1	0	1
1	1	1	1	0	0

也就是说，在逻辑运算中，只有 0 和 1 两种状态，我们可以称 1 为真值，0 为假值。“与”“或”“异或”运算都是两个输入数值参与运算，“非”运算只有一个输入。

对于“非”运算，对真值求“非”为假值；对假值求“非”为真值。

2. 异或问题

在介绍神经网络发展史的时候，我们提及了感知机所不能支持的异或问题。明斯基对这一缺陷的批判导致了神经网络十余年的发展低谷。

那么，什么是异或问题呢？

异或问题实际上是一种线性不可分问题，由于感知机属于线性分类，所以它不能解决线性不可分问题。不仅是感知机，所有的线性分类器都不能解决线性不可分问题。

异或属于逻辑运算中的一类，我们单独看一下它的真值表，见表 4.2。

表 4.2　异或运算真值表

输入 A	输入 B	A ^ B
0	0	0
0	1	1
1	0	1
1	1	0

把输入 A 和 B 及输出 A^B 映射到二维平面坐标中，如图 4.9 所示。

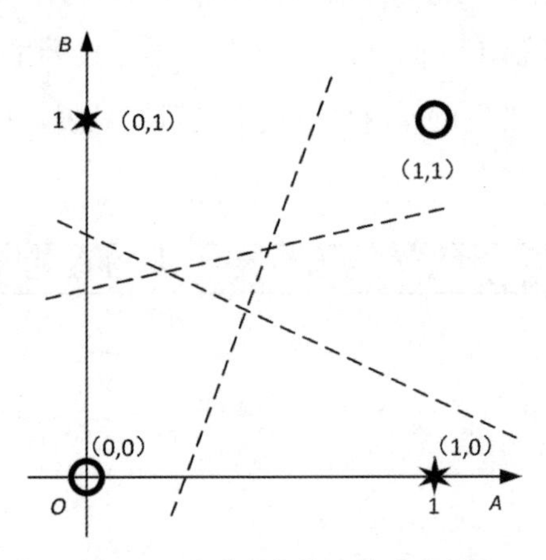

图 4.9　异或真值的二维分布图

感知机的作用是在一个超平面上画一条线，完成两种类别的划分。如果感知机只有两个输入，则是在如图 4.9 的二维平面上，划一条直线把图中的两类四个点划分开。从图 4.9 可以看出，这是不可能的。

在感知机上再加上一层，就通过多层感知机模型（在这里是两层），这样就可以解决异或问题了，如图 4.10 所示。

图 4.10 可以看作三个单层感知机的组合，形成了两层感知机结构。第一个感知机的输出是 $output_1$，第二个感知机的输出是 $output_2$，然后把这两个感知机

的输出 $output_1$ 和 $output_2$ 作为第三个感知机的输出 $output_3$，每个连接的权重和阶跃函数的阈值都在图 4.10 中标示出来了，通过这个多层感知机模型，即可以解决异或问题。

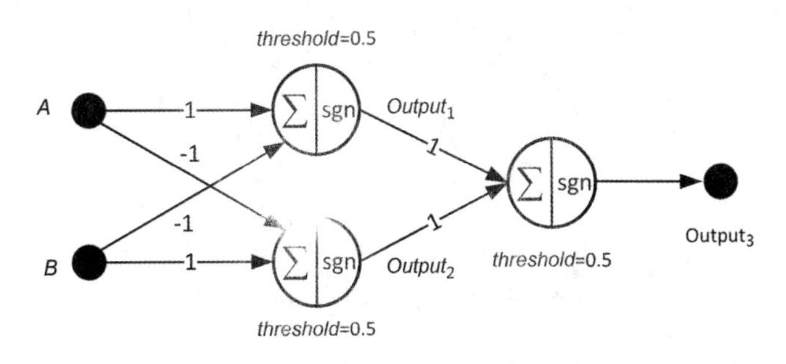

图 4.10 多层感知机模型

在增加了隐藏层后，我们可以理解隐藏层的作用是对输入数据进行了一个空间变换，对空间变换的线性分类实现了现实世界的非线性分类。按照表 4.2 代入 A 和 B 的输入，通过图 4.10 的模型计算验证结果是正确的，映射到二维空间如图 4.11 所示。

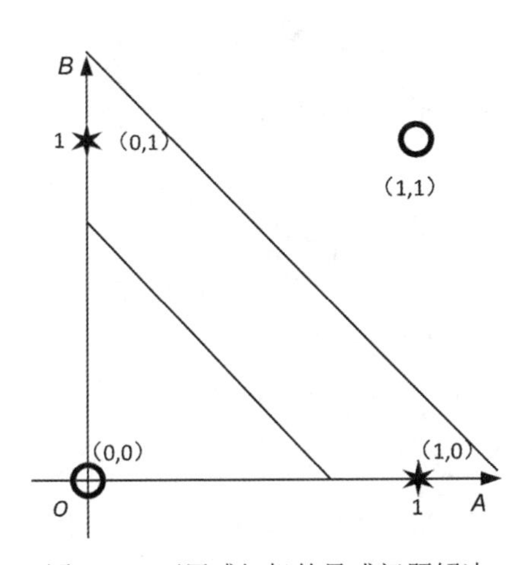

图 4.11 两层感知机的异或问题解决

图 4.10 所示的这种多层感知机就是一个典型的前馈神经网络，我们把输入设定为多个，输出也设定为多个，则通用前馈多层神经网络可以使用如图 4.12 所示的模型表示。

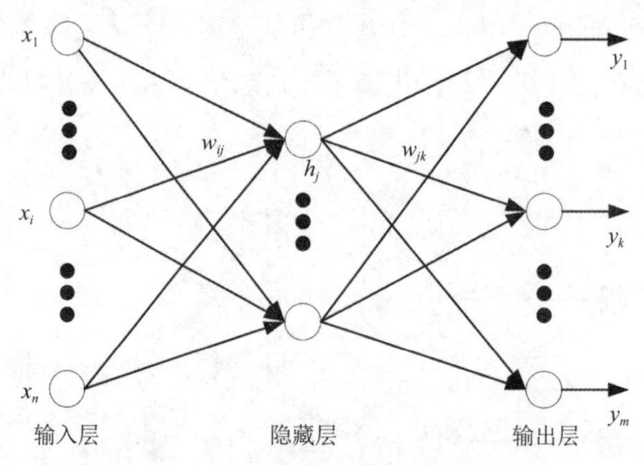

图 4.12　含隐藏层的多层神经网络模型

在图 4.12 中包括一个输入层、一个隐藏层和一个输出层，每一层的节点数量都不是固定的，对于每一个隐藏层的节点都是对输入节点的加权求和，每一个输出层的节点都是对隐藏层节点的加权求和。

在多层神经网络中激活函数也改为使用 Sigmoid 函数来表示。

隐藏层节点值可以使用式（4.4）表示。

$$h_j = g\left(\sum_i x_i w_{ij}\right) \tag{4.4}$$

输出层节点值可以使用式（4.5）表示。

$$y_k = g\left(\sum_j h_j w_{jk}\right) \tag{4.5}$$

其中 $g(x)$ 为 Sigmoid 函数，定义为 $g(x) = \frac{1}{1+\mathrm{e}^{-x}}$。$w_{ij}$ 为输入层到隐藏层连接的权重，w_{jk} 为隐藏层到输出层连接的权重。

在实际神经网络的使用中，还需要额外添加一个节点，我们称之为偏置节点（bias unit）。偏置节点是存储值为 1 的单元节点，在神经网络的每个层次中，除了输出层以外，都会含有这样一个偏置单元。增加了偏置单元的多层神经网络通用模型如图 4.13 所示。

对于多层神经网络中的每一个神经元的输出依然是线性分类，当数据从输入层传递到隐藏层时，数据进行了空间变换，所以在这个层面上是对空间变换后的数据进行线性分类，使得变换前线性不可分的数据在变换后线性可分。所以通过两层神经网络我们可以模拟实现一个非线性函数对数据进行分类，其本质是对数据进行复杂函数拟合。

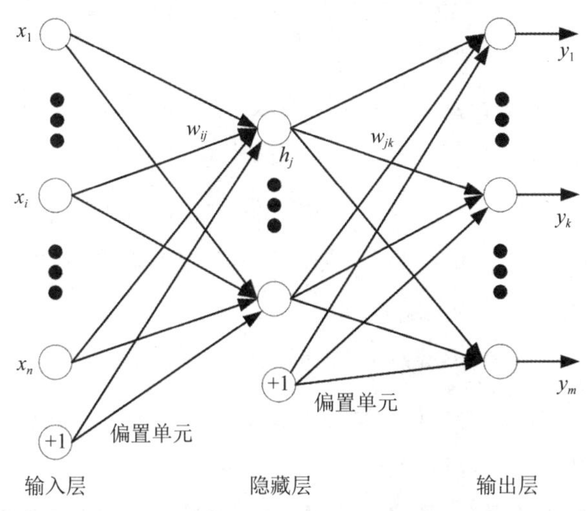

图 4.13　增加了偏置节点的含隐藏层的多层神经网络模型

对于神经网络的权重参数也是通过机器学习获得的，同样也是使用梯度下降法来获得损失函数局部最优。

可以定义损失函数为式（4.6）。

$$E = \frac{1}{2}(d-y)^2 = \frac{1}{2}[d-f(x)]^2 \tag{4.6}$$

其中x为输入，y为输出，d是训练样本的真实输出。通过梯度下降法进行优化，如式（4.7）所示。

$$\frac{\partial E}{\partial w_i} = -[d-f(x)]f'(x)x_i \tag{4.7}$$

然后使用式（4.8）进行权重更新：

$$w_j \leftarrow w_i + \eta[d-f(x)]f'(x)x_i \tag{4.8}$$

其中η为学习率。

对于人工神经网络来说，输出层的训练样本的真实输出是已知的，但是在隐藏层，这种期望输出的结果无法确定，因此也就不能有效地去训练，而且神经网络模型的结构比较复杂，每次计算梯度的代价都很大。这些问题困扰了研究人员很长时间，直到反向传播算法的出现。

基于反向传播算法进行训练的前馈神经网络被称为反向传播神经网络（back propagation neural network），也简称为 BP 神经网络 [35]。

BP 神经网络的整个结构关系与前面介绍的感知机是一样的，其激活函数采用 Sigmoid 函数。

反向传播算法是通过隐藏层传递的错误来更新隐藏层和其他层之间的权重，它不是一次计算出所有参数的梯度，而是采用从后往前即反方向进行计算。

反向传播算法首先计算输出层的梯度，然后计算第二个权重参数矩阵的梯度，再下一步是计算中间层的梯度，然后是计算第一层的权重参数矩阵梯度，最后是输入层的梯度。

可以看出来在反向传播算法中，梯度的计算是从后往前一层层反向传播的。

BP 学习算法的学习过程由正向传播和反向传播两部分组成。在正向传播过程中，输入信息从输入层经过隐藏节点单元进行逐层处理，并传向输出层，每一层神经元的状态只影响下一层神经元的状态。如果在输出层不能得到期望的输出，则转入反向传播过程，将误差信号沿原来的连接通路返回，通过修改各层神经元的连接权值，使得误差信号递减到最小 [36]。

BP 神经网络学习算法框图如图 4.14 所示。

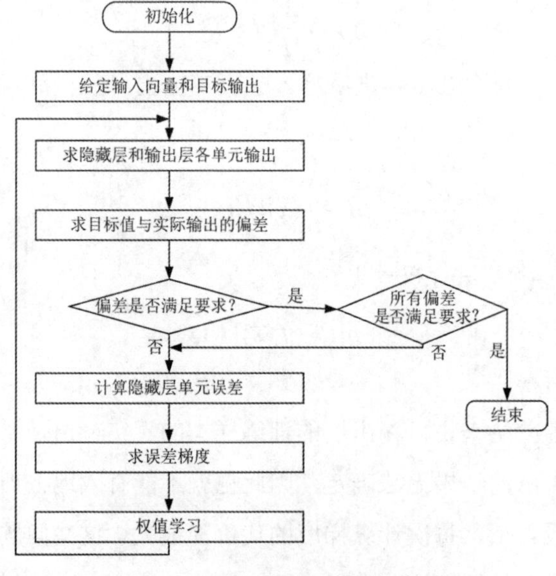

图 4.14　BP 神经网络学习算法框图

反向传播神经网络采用梯度下降法，会导致局部最优但不是全局最优的问题，通常我们采用随机初始化方法使模型能够离开局部优化范围而找到最优点，也可以在训练过程中引入随机噪声来解决这个问题。

还有一个机器学习训练常见的问题，即过拟合问题，过拟合是指在训练过程中，随着损失函数值不断降低，测试组的损失和误差反而会增加。

我们可以通过设置验证组，当验证组损失函数值不再降低而训练组的损失函数值依然在降低时停止训练；也可以通过增加规则的方法来防止过拟合，例如通过 drop 方法随机删除节点。

4.4　深度学习

4.4.1　深度学习模型

我们已经知道，单层感知机可以实现线性分类，在单层感知机的基础上再增加一层，就可以解决“异或”之类的较复杂的非线性分类的问题，那么如果我们把神经网络的层次再增加，是不是就能解决更复杂的问题呢？答案是肯定的。

深度学习实质上也是一种多层神经网络，可以把网络所包含的层数看作网络的深度，那么深度学习就是增加了很多层的人工神经网络，它采用了一种新型的学习方法可以对整个网络进行高效的优化学习，因此使用了“深度学习”这个新名词来描述[37,38]。

在图 4.13 中我们展示了增加了一层隐藏层的神经网络，我们可以把隐藏层的输出连接到新增的另一个隐藏层的输入，如图 4.15 所示。

按照上面的过程，我们就可以得到含有很多层隐藏层的多层神经网络，如图 4.16 网络中每个节点的计算方式依然保持不变。

计算的次序采用从左向右，每一层中所有的单元节点的值计算出来后，才会计算下一层的值，因此把这种方式称为正向传播方式。

在增加的隐藏层中，每一个隐藏层中的节点个数也是可以改变的。例如我们可以设计一个隐藏层包含 12 个节点的神经网络，可以设计成 3 个隐藏层，每个隐藏层 4 个节点；也可以设计成 4 个隐藏层，每个隐藏层 3 个节点；也可以设计成 2 个隐藏层，第一层 4 个节点，第二层 8 个节点。同样的节点个数，不同的网络层次数量和每层所包含的节点数都会影响整个网络的性能。

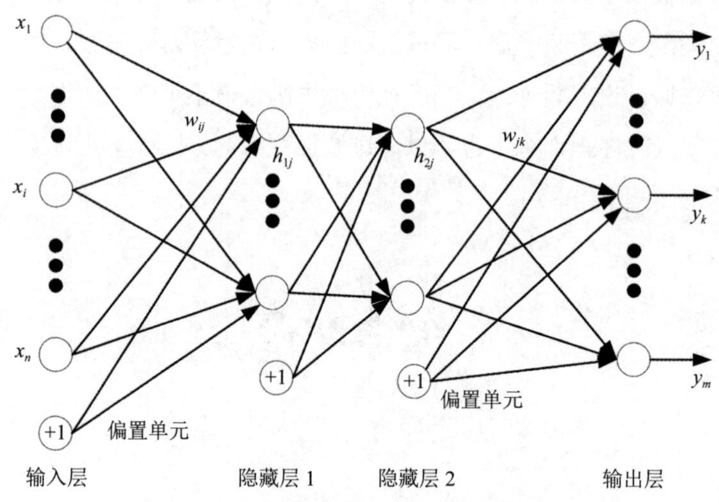

图 4.15　含两个隐藏层的多层神经网络模型

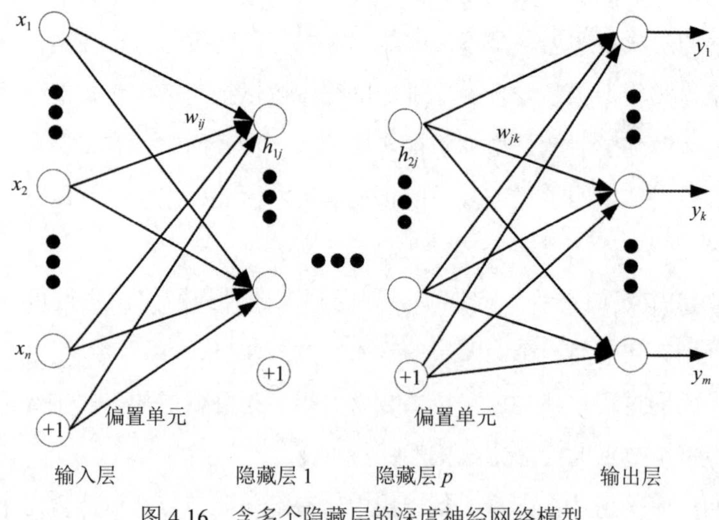

图 4.16　含多个隐藏层的深度神经网络模型

就如两层神经网络就可以解决异或问题，在神经网络中每一层都可以看作上一层数据的变换表示，每一个节点都可以看作对变换数据的一种线性划分，所以网络层次数量的增加会更加深入地表示数据特征，以及可以提供更强的更复杂的函数拟合，因此可以获得更好的分类能力。

有研究表明，网络深度会影响测试集的准确率，随着网络深度的增加，测试集上的准确率会不断增加。对于某些网络，如果增加网络层中参数的数量，这里参数的数量可以看作节点数量，如果不增加网络的深度即网络层数，在提升测试集的性能方面几乎没有效果 [39]。

在前面所述的多层人工神经网络中，如图 4.15 所示，每一层的每一个节点都和它下一层的所有节点相连接，而且只和它的下一层节点连接，这种人工神经网络称为全连接人工神经网络 [40]。

实际上深度学习的实现在架构上会体现各种不同的模式。例如典型的用于处理视觉信息的卷积神经网络和用于处理序列的循环神经网络，都有自己的架构设计。

有些架构会考虑层之间的跳跃连接，即跳过其邻接层甚至跳跃多层进行连接，这种跳跃连接把阶段性的数据流输入更容易流入对应的输出节点。

有些架构会考虑在某一层的节点只连接下一级的部分节点，这样可以减少参数的数量以减少计算量，这种方式称为稀疏连接方式，卷积神经网络就采用了有效的稀疏连接方式。

4.4.2 激活函数

在神经元中，输入和输出间存在一个函数关系，这个函数称为激活函数，在同一个人工神经网络中的神经元通常都是用同一个激活函数。激活函数在人工神经网络中的作用非常重要。在感知器中，我们使用符号函数作为激活函数；在浅层神经网络中，我们引入了 Sigmoid 函数；在深度学习中，我们引入了一种叫 ReLU 的函数，它是目前在深度学习中最流行的一种激活函数 [41]。

ReLU 函数是一个线性分段函数，其解析式如式（4.9）所示。

$$ReLU = \max(x,0) \tag{4.9}$$

函数图像如图 4.17 所示。

ReLU 函数模拟生物神经元对激励的线性响应过程，即当输入激励强度小于某一阈值时不作响应。该函数取输入和阈值（在这里是 0）中的最大值，即当输入大于 0 时，输出与输入相等，当输入小于 0 时，输出保持为 0 不响应。

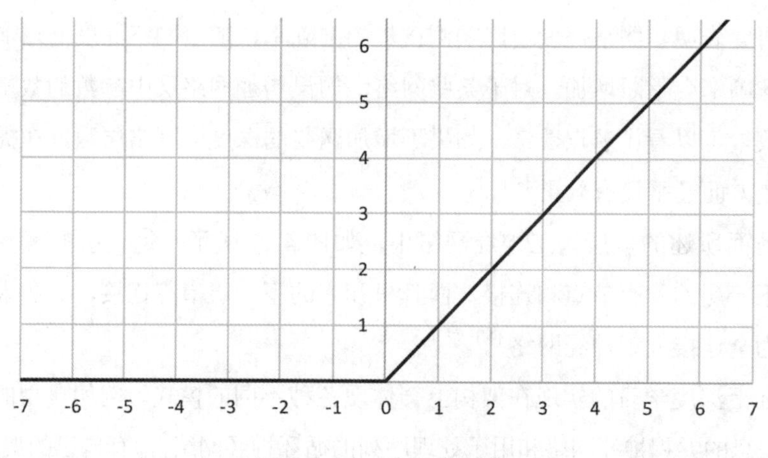

图 4.17　ReLU 函数图像

实践证明 ReLU 函数作为神经网络的激活函数确实具有很好的效果，总结起来 ReLU 函数具有以下优点：

（1）计算速度快。由于 ReLU 函数在输入大于 0 时就是它本身，输入小于 0 时为 0 值，需要消耗的计算资源很少。

（2）减轻梯度减小。在梯度下降时每经过一个神经元，梯度值就要乘以激活函数的导数，如果使用 Sigmoid 函数，其导数最大值为 0.25，即每经过一个节点，梯度值就要减少至少 1/4。ReLU 函数导数为 1，不存在此问题。

4.4.3　深度学习的特点及发展

在前面所有的例子中，都涉及的一个特征的问题，例如鸢尾花 IRIS 数据集、身高数据集等，这些数据实际上是把我们要研究的目标的一些特征数值化而得到的。

实际上对于目标的分类好坏很大程度上依赖于特征的提取和设计，因此，如何能够设计更好的目标特征一直是很重要的需要研究的问题。

在早期人工神经网络中，样本的特征完全依赖人工提取和设计，人们往往要投入很大的精力，不断地尝试和探索，并且要依赖丰富的人工经验，才能设计一个好的特征。这就局限了人工神经网络的应用。

深度学习打破了这个框架，它通过构建具有多个隐藏层的人工神经网络，把海量的原始数据，或者是经过简单加工后的原始数据作为系统的输入，就可以得到效果很好的识别模型。

这种泛化通用能力使得其应用范围覆盖各种领域。我们可以把图像、声音、文本等各种可以数字化的数据丢给深度学习进行学习，而且，给它的数据越多，它学习的效果就越好[42,43]。

4.5 小结

人工神经网络是目前人工智能技术发展的主流，深度学习已经在一些领域内在特定环境下取得了很多令人瞩目的效果，已经达到甚至超过了人类的水平，深度学习在各领域的成功应用极大地推动了人工智能的发展。但是它实现智能的过程属于一个“黑盒子”，其工作机理无法完整地解释出来，这也是限制其未来进一步发展的一个重要因素[44]。

同时也需要认识到，深度学习只是人工智能众多算法中的一个分支，目前来看，它是主分支，下一步各个分支如何能有效结合，同时借鉴生物医学等其他领域的发现和进展是未来一个阶段人工智能发展要面临的主要问题[45]。

第 5 章　图像信息处理

5.1　人眼成像

图像信息是人类认识世界的重要知识来源。有学者曾经做过统计，人类所获得的外界信息有 70%以上是来自眼睛摄取的图像信息。

在上初中的时候，我们就接触过小孔成像，如图 5.1 所示。

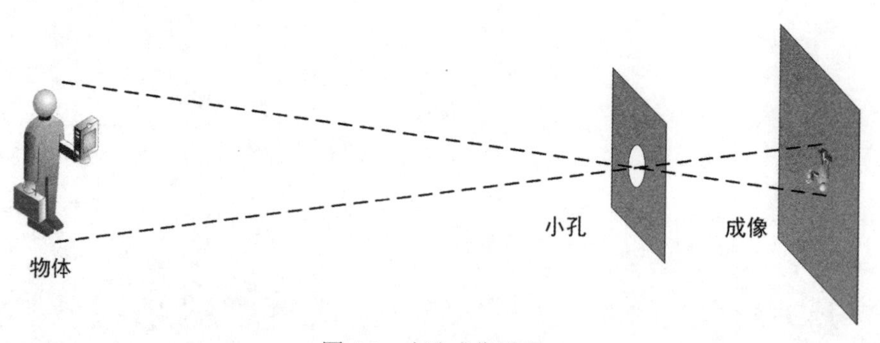

图 5.1　小孔成像原理

小孔成像验证了光进行直线传播，在试验中外界较亮的物体，透过小孔，在后面的投影区域就能形成物体的倒像。

如果在投影的位置设置一个黑箱，放置感光胶片或者感光元件，就成了相机。为了扩大并能够控制成像视野和调整焦距，在小孔的位置会放置一组光学透镜，就是相机的镜头，如图 5.2 所示。

我们的眼睛和相机的成像原理相同：现实世界中某个物体发出的光或物体表面反射的光，通过眼球，眼球类似于镜头，在眼底的视网膜上形成物体的倒像，如图 5.3 所示。

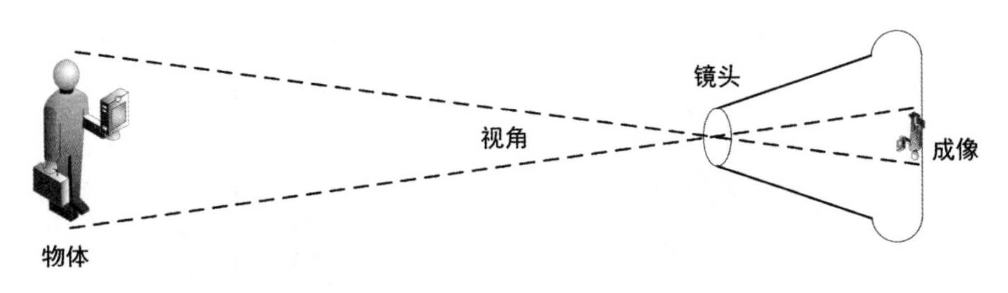

图 5.2　相机成像示意图

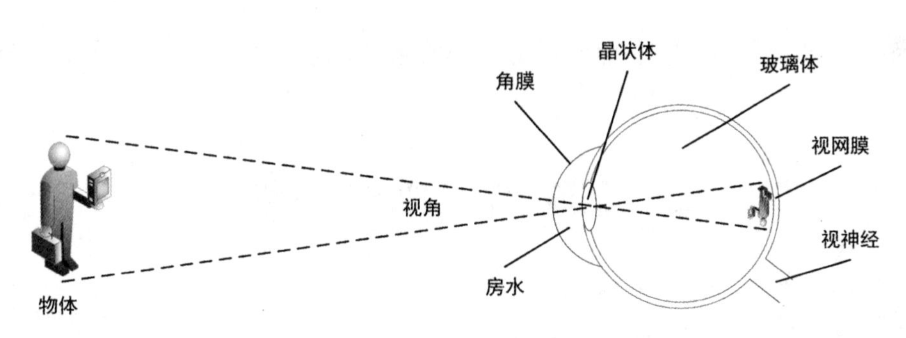

图 5.3　眼睛成像示意图

我们的眼睛里，晶状体相当于相机的镜头，而视网膜类似于相机的感光元件，在视网膜上有两种感光细胞，可分为视杆细胞和视锥细胞，如图 5.4 所示。这两种感光细胞含有感光性化学物质，能够把接收到的光信号转换为生物信号通过视神经传递给大脑。一般人的眼睛可以感知的光波的波长在 400 ～ 760nm 之间，这一频段内的光波我们称之为可见光。

在人的眼睛里，大概有一亿个视杆细胞负责明暗灰度的信号接收，有 700 万个视锥细胞负责色彩和细节信号接收，视锥细胞能够感知红色、绿色和蓝色，然后把它们调和起来，我们就能感知丰富多彩的颜色了。

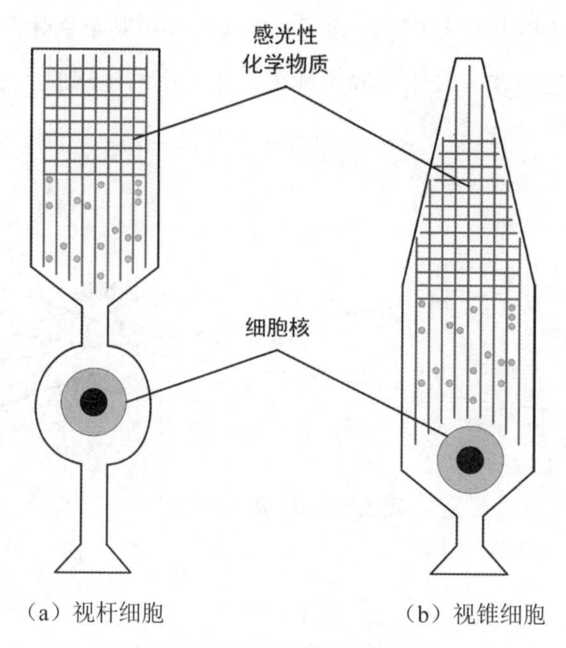

（a）视杆细胞　　（b）视锥细胞

图 5.4　视杆细胞和视锥细胞

5.2　图像信息处理的基本概念

因为图像信息对我们是如此的重要，在人工智能领域，对图像信息进行智能化的处理是主要的研究方向之一。

图像信息处理根据输入输出的不同，可以分为图像处理、图像分析和计算机视觉三块内容 [46]。

图像处理的输入输出都是图像，它的处理是对输入图像做某种变换操作，通常不会涉及图像的内容处理。图像滤波，图像变换，图像增强等都属于图像处理的内容。图像处理的目标通常都是单幅图像。图像处理通常被认为是低层视觉。

图像分析实质是图像特征提取，其输入输出也是图像，它主要关注的是图像的内容，通过分析图像，提取图像特征，以便对图像内容进行进一步处理。图像分析的目标通常也是单幅图像。图像分析通常被认为是中层视觉。

计算机视觉通常处理的是多幅图像或者序列图像，也可以是单幅图像。它对通过图像分析所得到的图像特征进行进一步处理，提取图像内容和场景的语义表示，让计算机实现图像处理智能化的目的，能够识别图像中的内容。计算机视觉通常被认为是高层视觉。

我们再回顾IRIS鸢尾花数据集，鸢尾花数据集是在同样生长环境下、在同一个时间段由同一个人在同一个地方使用相同的测量仪器对三种不同的鸢尾花类型量取其花萼的长度和宽度以及花瓣的长度和宽度得到的，然后通过某种机器学习算法可以对其自动识别。

之所以强调那么多的前提条件实际上是为了最大限度地减少各类误差。如果我们只是对鸢尾花拍张照片就可以知道它的类别是不是就会更方便呢？这就是图像识别的概念。

我们已经知道在分类识别中，选择好的特征会有好的区分度效果。例如，在鸢尾花数据集中，我们已经人为限定了通过其花萼的长度和宽度以及花瓣的长度和宽度作为明显的区别特征。如果只是拍张照片，那么特征从哪里来呢？这就需要了解照片是什么，图像（image）是什么。

图像可以打印在纸张上，可以显示在显示屏上，所以它是一个二维存在，我们可以用一个二维平面函数 $f(x, y)$ 来表示一幅图像，其中，x 和 y 是空间坐标，f 表示图像在 (x, y) 处的强度值或灰度值。

人眼所感知的景物一般是连续的，我们称之为模拟图像。这种连续性包含了两方面的含义，即空间位置延续的连续性，以及每一个位置上光的强度变化的连续性。连续模拟函数表示的图像由于模拟信号自身的原因和对模拟信号处理手段的限制，无法用计算机进行处理，也无法在各种数字系统中传输或存储，于是人们把代表图像的连续（模拟）信号转变为离散（数字）信号，产生了数字图像（digital image）的概念。

当 x，y 和 $f(x, y)$ 的值都是有限的离散数值时，有限是指其取值范围有限，离散是指其以离散点状态存在，这种图像就称为数字图像。

现在的手机和数码相机拍摄的照片可以直接存储在计算机中，这些照片都是数字图像。

当我们用手机拍摄一张照片后，就完成了数字图像的采集工作，实际上这个过程可以分解为光电转换、采样和量化等过程。这个过程也被称为图像信号的数字化，即把模拟图像转变为由数字图像的过程。

光电转换由手机摄像头的感光元件完成，感光元件是一种电子元器件，它可以把接收到的光信号转换为电信号，目前常见的感光元件有电荷耦合（CCD）元件和互补金属氧化物半导体（CMOS）元件两种。

采样的过程是指把图像在空间分布上的连续信号离散化。被选取的点称为采样点、抽样点或取样点，这些采样点也称为像素。在采样点上的函数值称为采样值、抽样值或取样值。即在空间上用有限的采样点来代替连续无限的坐标值。一幅图像采样点取得过多，增加了用于表示这些样点的信息量；如果采样点取得过少，则有可能会丢失原图像所包含的信息。

为了不失真地恢复模拟信号，采样频率应该不小于模拟信号频谱中最高频率的 2 倍。这就是著名的香农采样定理，又称奈奎斯特采样定理 [47]。

假定一幅连续图像在二维方向上被分成 M×N 个网格，每个网格用一个亮度值（即灰度值）来表示，这个过程被称为图像的采样 [48]，如图 5.5 所示。

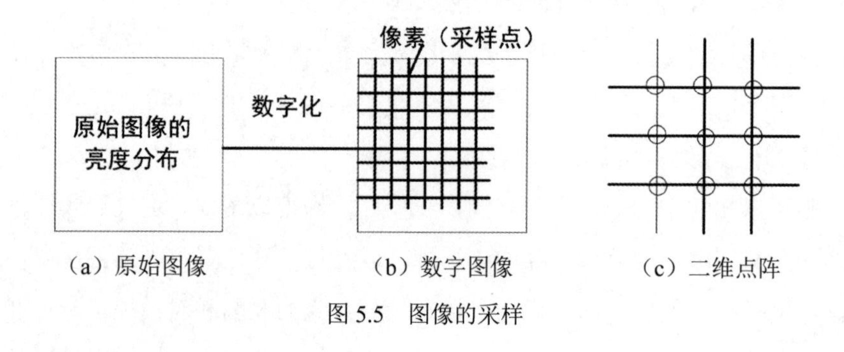

图 5.5　图像的采样

采样过程示例如图 5.6 所示。

这种离散点在图像中称为像素（pixel），每个像素点都有一个特定的像素位置和像素值，一副数字图像就是由一系列的像素点组成的。

由像素点构成的图像使用长方形表示，这些像素点就构成了图像矩阵，矩阵的行数和列数被称为图像的分辨率（resolution）。

打开智能手机设置，我们会找到分辨率设置的界面，例如设置手机拍摄照片的分辨率是 3264×1840，如图 5.7 所示，表示拍出来的照片横着的方向排列 3264 个像素，竖着的方向排列 1840 个像素。

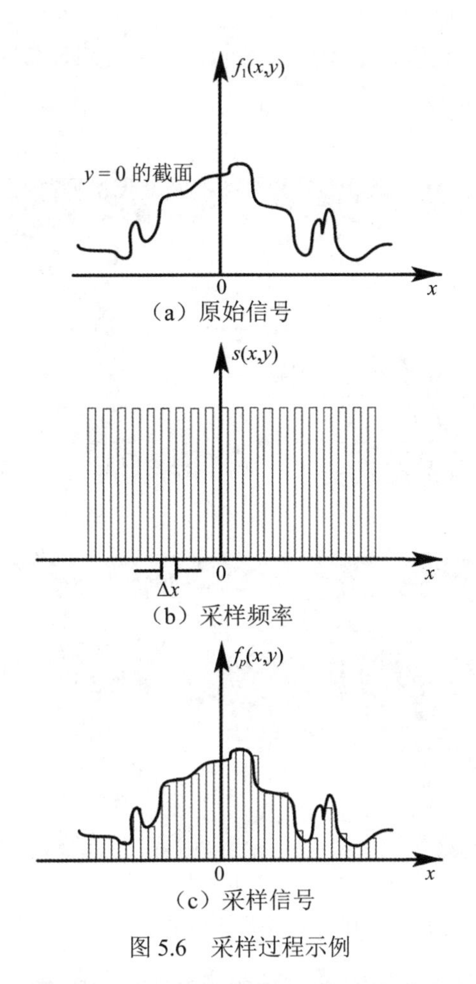

图 5.6　采样过程示例

图 5.7　手机拍照的分辨率设置窗口

图5.8给出了同一张照片不同分辨率的效果，可以看出，在图像数字化过程中，分辨率直接影响图像的清晰度。

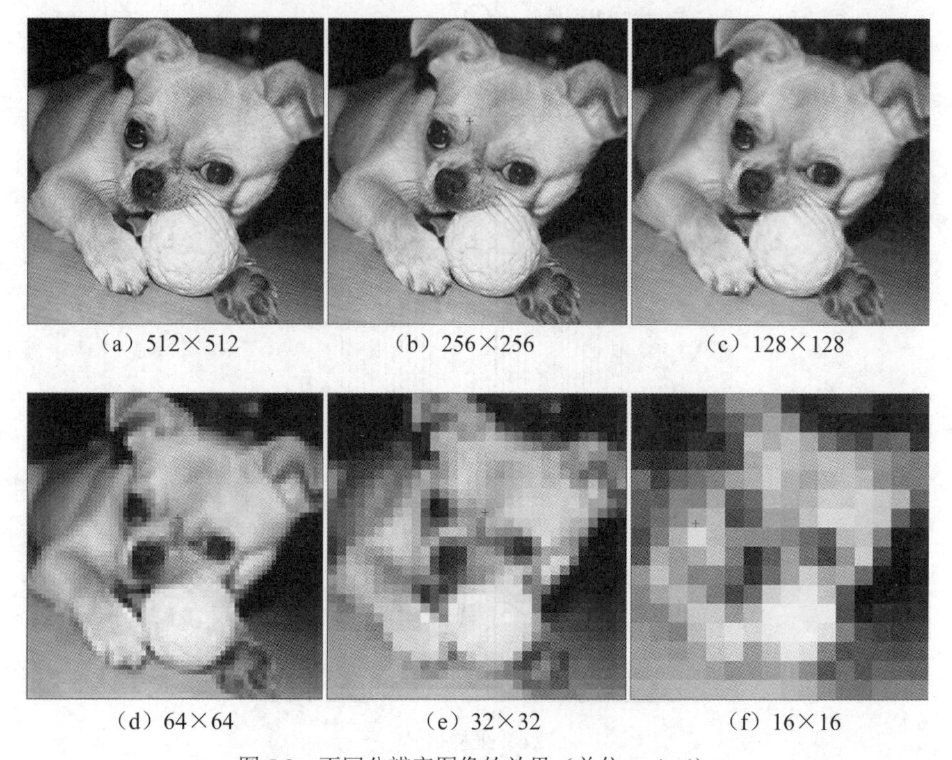

（a）512×512　（b）256×256　（c）128×128

（d）64×64　（e）32×32　（f）16×16

图5.8　不同分辨率图像的效果（单位：pixel）

对每个采样点灰度值的离散化过程称为量化。即用有限个数值来代替连续无限多的连续灰度值。

常见的量化可分为两大类，一类是将每个样值独立进行量化的标量量化方法，另一类是将若干样值联合起来作为一个矢量来量化的矢量量化方法。在标量量化中按照量化等级的划分方法不同又分为两种，一种是将样点灰度值等间隔分挡，称为均匀量化；另一种是在不等间隔分挡的基础上实现非均匀量化或矢量量化。

图5.9给出了不同位数量化的图像效果，可以从中看出，量化位数越深，图像显示越细腻。

模拟图像经过以上过程，就转换为一幅数字图像了，数字图像实际上就是由一个个小方格组成的，每个小方格就代表一个像素，赋予该像素的值就反映了模拟图像上对应位置处的颜色值。具体到一张照片中，就如图 5.10 所示。

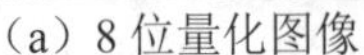

（a）8 位量化图像　（b）4 位量化图像　（c）1 位量化图像

图 5.9　不同量化深度图像的效果

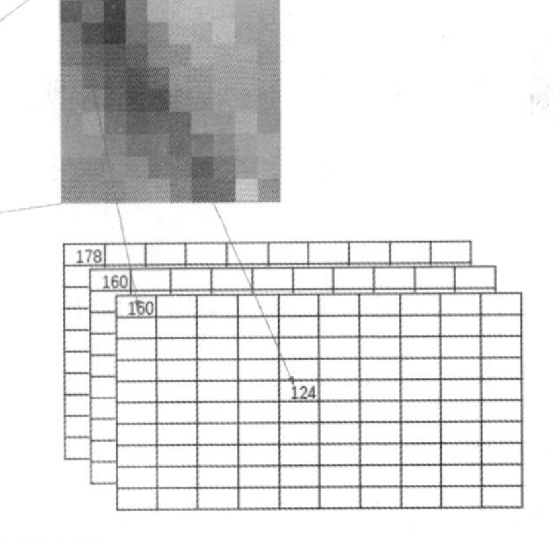

图 5.10　数字图像的表示

在计算机中，图像以通道的方式进行存储，这里通道的概念可以认为是层的概念，例如在图 5.10 中，图像就分成了三个通道，也就是三层来进行存储，具体到每个像素点在每一层都有它的位置，这样就有三个数值对应。对于 RGB 模型来说，这三个通道分别是 R 通道、G 通道和 B 通道，用来表示图像中该像素点的红色分量值、绿色分量值和蓝色分量值，这三种基本颜色叠加起来就可以把像素值以彩色的方式进行存储、显示和处理。

在数字图像中，对色彩的管理使用颜色模型来实现。颜色模型又称为色彩模型，是指某个三维颜色空间中的一个可见光子集，它包含某个颜色域的所有颜色。例如，RGB 颜色模型就是三维直角坐标颜色系统的一个单位正方体。颜色模型的用途是在某个颜色域内方便地指定颜色，由于每一个颜色域都是可见光的子集，所以任何一个颜色模型都无法包含所有的可见光。在大多数的彩色图形显示设备一般都是使用红、绿、蓝三原色，我们的真实感图形学中的主要的颜色模型也是 RGB 模型，但是红、绿、蓝颜色模型用起来不太方便，它与直观的颜色概念如色调、饱和度和亮度等没有直接的联系。所以为了科学地定量描述和使用颜色，出现了各种各样的颜色模型。

为了用计算机来表示和处理颜色，必须采用定量的方法来描述颜色，即建立颜色模型。目前广泛使用的颜色模型有三类：计算颜色模型、工业颜色模型、视觉颜色模型。计算颜色模型又称为色度学颜色模型，主要应用于纯理论研究和计算推导，计算颜色模型有 CIE 的 RGB、XYZ、Luv、LCH、LAB、UCS、UVW 等。工业颜色模型是侧重于实际应用的实现技术，包括彩色显示系统、彩色传输系统及电视传播系统等，如印刷中用的 CMYK 模型、电视系统用的 YUV 模型、用于彩色图像压缩的 YCbCr 模型等。视觉颜色模型是指与人眼对颜色感知的视觉模型相似的模型，它主要用于彩色的理解，常见的有 HSL 模型、HSV 模型和 HSI 模型等。

RGB（Red、Green、Blue）颜色模型采用 CIE 规定的三基色构成颜色表示系统。自然界的任意一个颜色都可以通过这三种基色按照不同的比例混合而成。它是我们使用最多，最熟悉的颜色模型。它采用三维直角坐标系。红、绿、蓝原色是加性原色，各个原色混合在一起可以产生复合色。

设颜色传感器把数字图像上的一个像素编码成（R，G，B），每个分量量化范围为 [0,255] 共 256 级，因此 RGB 模型可以表示 $2^8\times2^8\times2^8=256\times256\times256\approx1670$ 万种颜色，这足以表示自然界的任意颜色，因为每个像素共有 24 位表示其颜色，所以又称为 24 位真彩色。

一幅图像中的每一个像素点均被赋予不同的 RGB 值，便可以形成真彩色图像。RGB 颜色模型通常采用单位立方体来表示。在正方体的主对角线上，各原色的强度相等，产生由暗到明的白色，也就是不同的灰度值。(0,0,0) 为黑色，(255,255,255) 为白色。正方体的其他六个角点分别为红、黄、绿、青、蓝和品红，如图 5.11 所示。

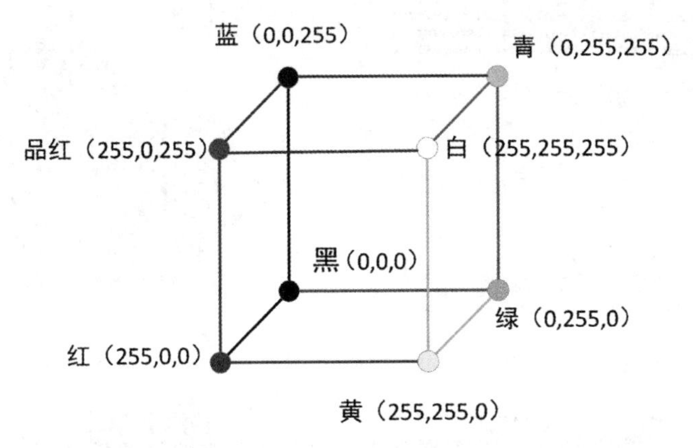

（a）RGB 颜色模型立方体示意图

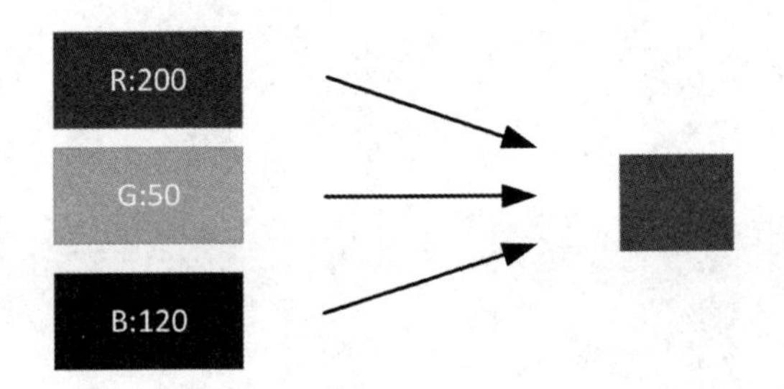

（b）RGB 颜色模型生成真彩色示意图

图 5.11　RGB 颜色模型

5.3　图像采集及处理发展历史[49]

在古代，人们通过绘画的方式来记录眼睛看到的图像或者是大脑里想象的图像。

1490 年，达·芬奇在他的大西洋法典中记录了第一个暗箱成像的详细描述，通过光敏材料可以获得颠倒的照片级的图像，如图 5.12 所示。

1825 年，尼普瑟把一种光照后会变硬的沥青涂在盘子上，放在针孔照相机里曝光，形成了保留至今的已知的最古老的照片，它是对 17 世纪荷兰的一座雕刻作品的复现，如图 5.13 所示。当时这样一张照片曝光需要长达数小时之久。

1835 年，威廉·亨利·福克斯·塔尔博特使用他发明的碘化银纸照相法生成了历史上第一张负片，如图 5.14 所示。

图 5.12　达·芬奇和他的暗箱成像（图片来源：digicamhistory.com）

图 5.13　已知的最古老的照片（图片来源：digicamhistory.com）

图 5.14　威廉·亨利·福克斯·塔尔博特和历史上的第一张负片（图片来源：digicamhistory.com）

1843年，苏格兰人亚历山大·贝恩设计发明了一种机械装置，把手写笔安装到一个电磁摆上，通过发送电报的有线线路传输输入的单词，可以实现传真功能。1847年，英格兰人月非特烈·贝克韦尔改进了Bain的设计，实现了第一次传真传输，如图5.15所示。

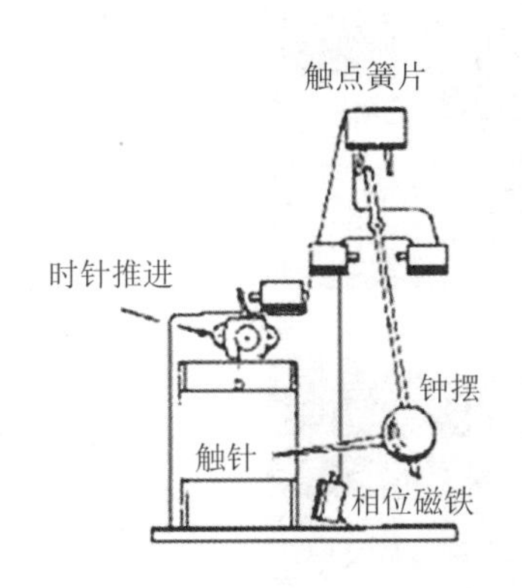

图5.15 贝恩的传真发明和克韦尔的传真机（图片来源：digicamhistory.com）

1921年，Bartlane电缆图片传输系统（Bartlane Cable Picture Transmission System）将经过编码的5个灰度级的图片从伦敦通过海底电缆成功传到纽约，并在接收端通过打印机将传输的图片重新打印出来。1929年，编码系统增加到15级，可以实现效果更好的图像传输。图5.16为Bartlane电缆图片传输系统传输的图片及编码示例。

Bartlane电缆图片传输系统可以被认为是把照片进行了数字化编码，但还不能称为是数字图像。1957年，美国国家标准局的拉塞尔·科尔希构造了一个机械鼓式扫描器，通过跟踪照片表面光强的变化，利用光电倍增管将其转换为176×176的二进制数字数组，并利用这个装置扫描了他儿子的照片，这是第一张照片被扫描生成数字图像，如图5.17所示。

20世纪60年代，美苏大力推动太空计划，从太空中拍摄回来的照片开始用计算机处理，数字图像处理技术得到了快速的推动和发展。图5.18为1964年美国“徘徊者7号”月球探测器拍摄的月球照片和“水手4号”火星探测器拍摄的火星照片。

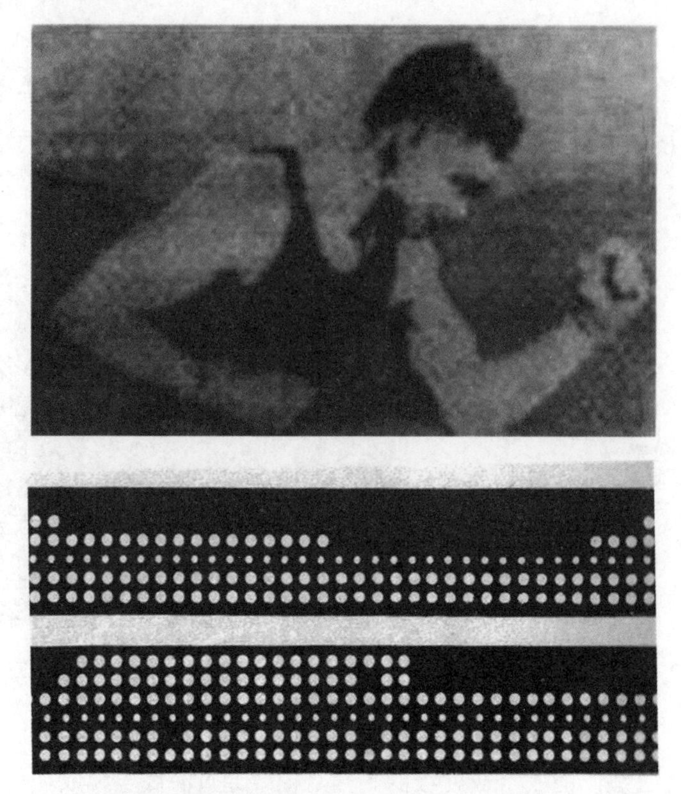

图 5.16　Bartlane 电缆图片传输系统传输的图片及编码（图片来源：digicamhistory.com）

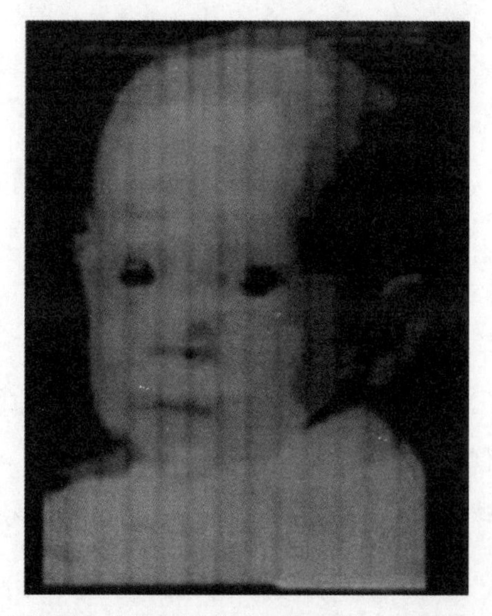

图 5.17　扫描的第一张数字照片（图片来源：digicamhistory.com）

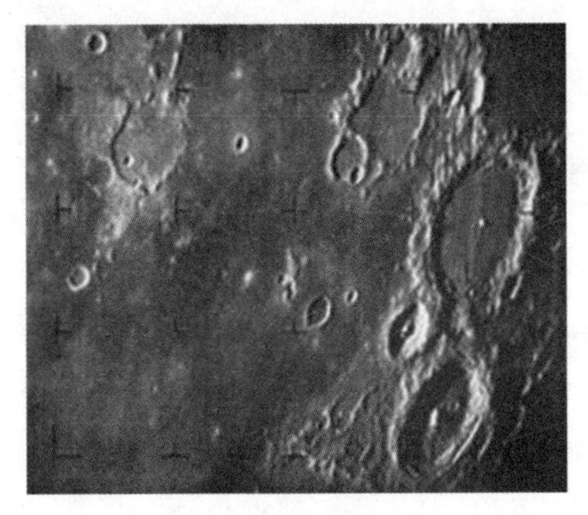
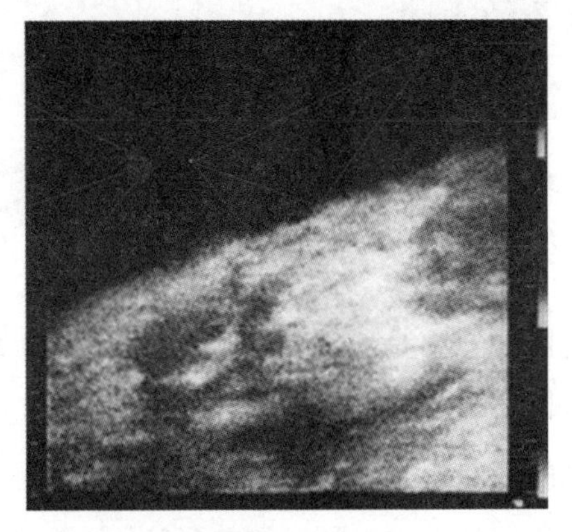

图 5.18　1964 年拍摄的月球照片和火星照片（从左至右）（图片来源：digicamhistory.com）

1965 年，罗伯茨构建了“积木世界”，尝试对三维空间的物体形状及空间关系进行模型构建，并且试图通过计算机理解图像中几何体的三维结构，开创了三维计算机视觉的研究。

20 世纪 60 年代末到 70 年代初，数字图像处理技术开始应用于医学图像、遥感测绘等领域。G.N. 豪斯菲尔德和阿兰 • 麦克莱德 • 科马克发明的轴向断层技术与 X 射线相结合，开创了医学 CT 诊断领域，这也成为数字图像处理最重要的应用领域之一。

1977 年，大卫 • 马尔提出了不同于“积木世界”分析方法的计算视觉（computational vision）理论，该理论在 20 世纪 80 年代成为计算机视觉研究领域中的十分重要的理论框架。1982 年，大卫 • 马尔编写出版了著作《视觉》，标志着计算机视觉成为了一门独立学科。

20 世纪 80 年代到 90 年代，由于机器视觉可以应用于危险环境、可以使用红外等人类无法感知的信息源以及在生产效率和检测精度方面的优势，机器视觉进入快速发展时期，并开始逐步应用于工业领域。

近年来，随着深度学习在静态目标物的识别方面取得的巨大成功，很多研究人员开始尝试使用深度学习解决更多的问题。但是在精确测量、三维重建等方面依然不如传统的数学方法。另外，深度学习所缺乏的理论基础依然是制约其进一步发展应用的瓶颈。

5.4 数字图像处理

数字图像处理（Digital Image Processing，DIP），其输入为图像，输出仍然是图像，它是对输入图像进行一定的变换处理操作。我们常用的软件 Photoshop 可以对一张照片进行剪裁、缩放、颜色亮度及对比度的调整，并且可以加很多不同的滤镜特效，这些操作都属于数字图像处理操作。还有图像在传输过程中用到的压缩等操作也属于数字图像处理操作。

下面简单介绍常用数字图像处理的方法[50-54]。

5.4.1 图像的基本运算

按照图像处理运算的数学特征，图像基本运算可以分为点运算（Point Operation）、代数运算（Algebra Operation）、逻辑运算（Logical Operation）和几何运算（Geometric Operation）四类。

1. 点运算

点运算是对一幅图像中每个像素点的灰度值进行计算的方法。

点运算是一种像素的逐点运算，它将输入图像映射为输出图像，输出图像中每个像素点的灰度值仅由对应的输入像素点的灰度值决定。点运算可以改变图像中像素点的灰度值范围，从而改善图像的显示效果。

点运算也称为对比度增强、对比度拉伸或灰度变换。点运算分为线性点运算和非线性点运算两种。线性点运算一般包括调节图像的对比度和灰度，非线性点运算一般包括阈值化处理和直方图均衡化。

2. 代数运算

代数运算是指两幅或多幅图像之间进行点对点的加、减、乘、除运算得到输出图像的过程。

加法运算可用于去除图像中的“叠加性”随机噪声、进行图像叠加等。

图 5.19 为两幅图像进行叠加的效果图。

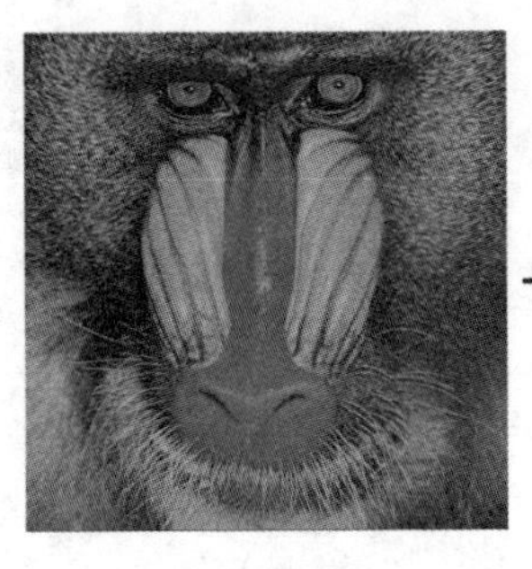

（a）原图像 1

（b）原图像 2

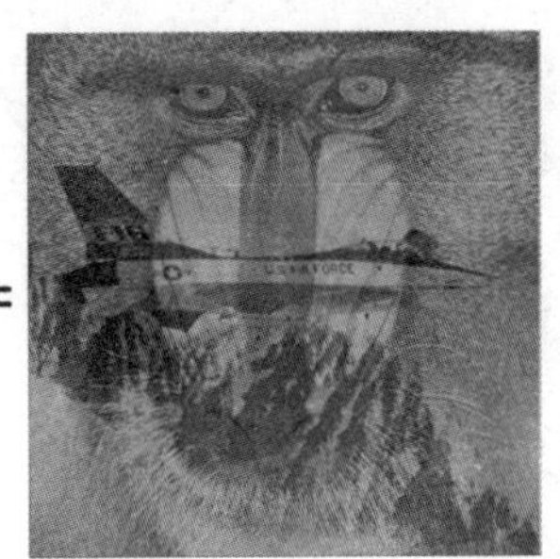

（c）叠加后的图像

图 5.19 图像叠加效果图

将同一景物在不同时间拍摄的图像或者同一景物在不同波段的图像相减，这就是图像的减法运算，实际中也称为差影法，相减后的图像称为差值图像。差值图像提供了图像间的差值信息，可以用于指导动态监测、运动目标的检测和跟踪、图像背景消除以及目标识别等。图 5.20 显示了两幅相邻运动彩色图像相减的效果图。

（a）原图像 1

（b）原图像 2

（c）相减后的图像

图 5.20 图像相减效果图

乘法运算和除法运算都可用于改变图像的灰度级。乘法运算还可用于遮盖掉图像的一部分，如可以将一幅图像与二值图像相乘、进行掩膜操作等；除法操作多用于遥感图像处理中，可产生对颜色和多光谱图像分析十分重要的比率图像。图像的乘法运算与除法运算效果如图 5.21 所示。

3. 逻辑运算

逻辑运算是指将两幅或多幅图像通过对应像素之间的与、或、非等逻辑关系运算，得到输出图像的方法。在图像理解和图像分析领域，逻辑运算应用较多。逻辑运算多用于二值图像处理。

（a）原图像

（b）乘以 2 后的图像

（c）除以 2.5 后的图像

图 5.21　图像乘法运算和除法运算效果图

在图像处理过程中，使用较多的逻辑运算包括与、或、非、异或操作。其中，R 表示图像的最大灰度级。图 5.22 显示了图像的逻辑运算示意。

（a）输入图像 1

（b）输入图像 2

（c）图像 1 和 2 的“与”操作

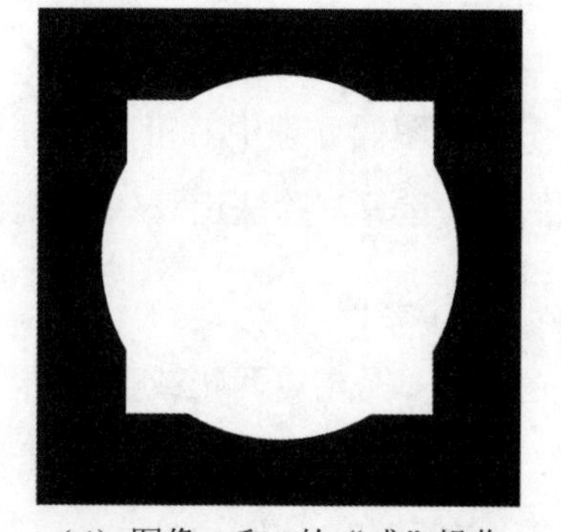
（d）图像 1 和 2的“或”操作

图 5.22　图像逻辑运算

（e）图像1的“非”操作

图5.22 图像逻辑运算（续图）

4. 几何运算

图像的几何运算也称为图像的几何变换。它可以看成是图像中物体（或像素）空间位置的改变，或者说是像素的移动。在实际场景拍摄到一幅图像后，如果图像画面过大或过小，就需要对其进行缩小或放大；如果拍摄时景物与摄像头不成相互平行关系，拍摄出的图像就会产生畸变，例如会把一个正方形拍摄成一个梯形等，这就需要对图像进行畸变校正；在进行目标匹配时，也需要对图像进行旋转、平移等处理。这些都属于图像几何变换的范畴。

（1）图像缩放。图像缩放（Image Resize）是指将给定的图像在 x 轴方向缩放 f_x 倍，在 y 轴方向缩放 f_y 倍，从而获得一幅新的图像。如果 $f_x=f_y$，即图像在 x 轴方向和 y 轴方向缩放的比例相同，那么这样的缩放就称为图像的全比例缩放。如果 $f_x \neq f_y$，图像的缩放就会改变原图像像素间的相对位置，产生几何畸变。

（2）图像错切。图像的错切变换实际上是平面景物在投影平面上的非垂直投影效果。图像错切变换也称为图像剪切、错位或错移变换。图像错切的原理就是保持图像上各点的某一坐标不变，将另一坐标进行线性变换，坐标不变的轴称为依赖轴，坐标变换的轴称为方向轴。图像错切一般分为两种情况：水平方向错切和垂直方向错切。

（3）图像平移。图像平移（Translation）变换是图像几何变换中最为简单的一种变换，是将一幅图像中的所有像素点都按照给定的偏移量在水平方向（沿 x 轴方向），或在垂直方向（沿 y 轴方向）移动。

（4）图像镜像变换。图像的镜像（Mirror）变换分为三种：一种是水平镜像，一种是垂直镜像，一种是对角镜像。图像的镜像变换不改变原图像的形状。图像的水平镜像变换是以原图像的垂直中轴线为中心线，将图像分为左右两部分镜像进行对称变换；图像的垂直镜像变换是以原图像的水平中轴线为中心线，将图像分为上下两部分进行对称变换；图像的对角镜像变换是以原图像水平中轴线和垂直中轴线的交点为中心点对图像进行变换，相当于先对图像进行水平镜像变换，再进行垂直镜像变换。

（5）图像旋转变换。图像的旋转（Rotation）变换有一个绕什么旋转的问题。通常是以图像的中心为圆心旋转，将图像中的所有像素点都旋转一个相同的角度。

（6）图像仿射变换。图像的仿射变换包括了图像的平移、旋转以及缩放等变换。利用平移、旋转和缩放等变换，可以将原始图像变换为更加方便人眼观察或者更加利于机器识别的图像。而图像仿射变换提出的意义即采用通用的数学变换公式来表示平移、旋转和缩放等几何变换。

5.4.2 图像增强

图像增强（Image Enhancement）是指对图像的某些特征，如边缘、轮廓、对比度等图像信息进行强调或尖锐化，以便于显示、观察或进一步分析与处理。图像增强虽然不增加图像数据中的相关信息，但能够增加所选特征的动态范围，从而使这些特征的检测或识别更加容易。图像增强处理是数字图像处理的一个重要分支。很多场景由于条件的影响，图像拍摄的视觉效果不佳，这就需要图像增强技术来改善人的视觉效果，例如突出图像中目标物体的某些特点、从数字图像中提取目标物的特征参数等，这些都有利于对图像中目标的识别、跟踪和理解。图像增强处理主要内容是突出图像中感兴趣的部分，减弱或去除不需要的信息。这样使有用信息得到加强，从而得到一种更加实用的图像或者转换成一种更适合人或机器进行分析处理的图像。

图像增强技术有两类方法：空域法和频域法。空域法主要是在空间域内对像素灰度值直接进行运算处理，如图像的灰度变换、直方图修正、图像空域平滑和锐化处理、伪彩色处理等。频域法主要是在图像的某种变换域内，对图像的变换值进行运算，如先对图像进行傅里叶变换，再对图像的频域进行滤波处理，最后将滤波处理后的图像变换值反变换到空域，从而获得增强后的图像。

1. 对比度展宽

图像对比度是指一幅图像中明暗区域最亮的白和最暗的黑之间不同亮度层级的测量，即一幅图像中灰度反差的大小。对比度越大，图像中从黑到白的渐变层次就越多，灰度的表现力越丰富，图像越清晰醒目；反之，对比度越小，图像清晰度越低，层次感就越差。对比度是分析图像质量的重要依据之一。有些情况下，因为某些客观原因的影响，采集到的图像对比度不够，图像质量不够好。为了使图像中期望观察到的对象更加容易识别，可以采用对比度展宽的方法调节图像的对比度，达到提高图像质量的目的。

对比度展宽实质上就是降低图像中不重要信息的对比度，从而留出多余的空间，对重要信息的对比度进行扩展。

图 5.23 是图像对比度线性展宽效果图。

（a）原图

（b）线性对比度展宽后

图 5.23　图像对比度线性展宽效果图

2. 直方图均衡化

直方图（Histogram Equalization）均衡化是图像处理领域中利用图像直方图对对比度进行调整的方法。这种方法通常用来增加许多图像的局部对比度，尤其是当图像的有用数据的对比度相当接近的时候。通过这种方法，亮度可以更好地在直方图上分布。这样就可以用于增强局部的对比度而不影响整体的对比度，直方图均衡化通过有效地扩展常用的亮度来实现这种功能。灰度直方图是灰度级的函数，它表示图像中具有某种灰度级的像素的个数，反映了图像中某种灰度出现的频率。

图 5.24 给出了直方图均衡化的效果及两幅图像的直方图。

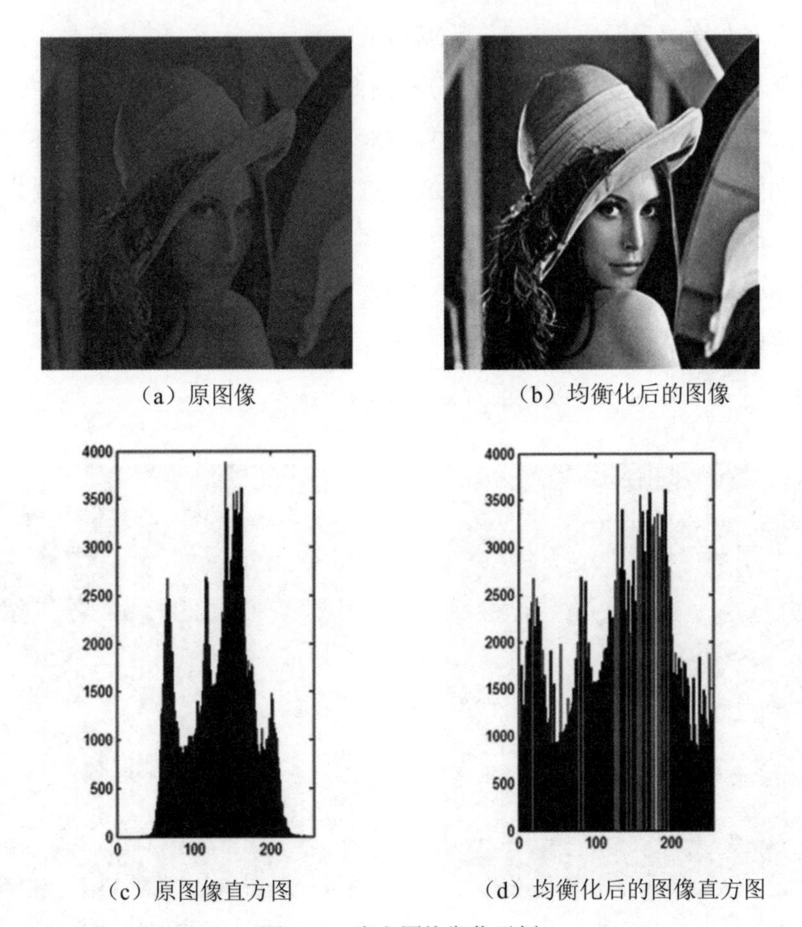

（a）原图像　（b）均衡化后的图像

（c）原图像直方图　（d）均衡化后的图像直方图

图 5.24　直方图均衡化示例

3. 伪彩色增强

伪彩色增强是根据特定的准则对图像的灰度值赋以彩色的处理。

由于人眼对彩色的分辨率远高于对灰度差的分辨率，所以这种技术可用来识别灰度差较小的像素。这是一种视觉效果明显而技术又不是很复杂的图像增强技术。人眼分辨灰度的能力很差，一般只有几十个数量级，但是对彩色信号的分辨率却很强，利用伪彩色增强处理，将黑白图像转换为彩色图像后，人眼可以提取更多的信息量。

伪彩色增强处理一般有三种方式：第一种是把真实景物图像的像素逐个地映射为另一种颜色，使目标在图像中更突出；第二种是把多光谱图像中任意三个光谱图像映射为可见光红、绿、蓝三种可见光谱段的信号，再合成为一幅彩色图像；第三种是把黑白图像，用灰度级映射或频谱映射而成为类似真实彩色的处理，相当于黑白照片的人工着色方法。

从一副灰度图像生成一副彩色图像，是一个一对三的映射过程，需要对现有的灰度，通过一个合理的估计手段，映射为红、绿、蓝三基色的组合表示。

4. 图像去噪

数字图像中的噪声是在图像的获取和传输过程，所受到的随机信号干扰，是妨碍人们理解的因素。

例如，在使用 CCD 相机获取图像时，光照和温度等外界条件会影响图像中的噪声数量；在图像传输过程中，传输信道的干扰也会对图像造成污染。

噪声在理论上可以定义为“不可预测，只能用概率统计方法来认识的随机误差”，因此，图像噪声可以看成是多维随机过程，因而可以用随机过程来对噪声进行描述，即用概率分布函数和概率密度分布函数来描述。

图像噪声是多种多样的，其性质也千差万别。

从噪声产生的原因来看，图像噪声可分为外部噪声和内部噪声。外部噪声是由系统外部干扰以电磁波或经电源串进系统内部引起的噪声，如外部电气设备的电磁干扰、天体放电产生的脉冲干扰等；内部噪声是由系统电气设备内部引起的噪声，如光和电的基本性质引起的噪声、电气的机械运动产生的噪声、器材材料本身引起的噪声、系统内部电路相互干扰引起的噪声等。

去除或减轻图像中的噪声称为图像去噪，图像去噪的目的就是减少图像噪声，以便于对图像进行理解和分析。

图像去噪可以在空间域进行，也可以在变换域进行。空间域去噪方法主要利用各种滤波器对图像去噪，如均值滤波器、中值滤波器、维纳滤波器等，空间域滤波是在原图像上直接进行数据运算，对像素的灰度值进行处理。变换域去噪就是对原图像进行某种变换，然后将图像从空间域转换到变换域，再对变换域中的变换系数进行处理，再进行反变换，将图像从变换域转换到空间域，从而达到去噪的目的。

将图像从空间域转换到变换域的变换方法很多，如傅里叶变换、余弦变换、小波变换等。不同变换方法在变换域得到的变换系数具有不同的特点，根据这些特点合理处理变换系数，就可以有效达到去除或减轻噪声的目的。

低通滤波可以有效去除随机噪声，常用的滤波去噪包括均值滤波、中值滤波等方法。图 5.25 和图 5.26 给出了这两种方法的滤波去噪效果。

（a）原图像

（b）采用 3×3 均值滤波之后的效果图

图 5.25　3×3 均值滤波效果图

（a）原图像

（b）采用 3×3 中值滤波之后的效果图

图 5.26　3×3 中值滤波效果图

5. 图像锐化

在数字图像处理中，图像经转换或传输后，质量可能下降，难免有些模糊。另外，图像平滑在降低噪声的同时也造成目标的轮廓不清晰和线条不鲜明，使目标的图像特征提取、识别、跟踪等难以进行，这一点可以利用图像锐化来增强。

图像锐化的目的有两个：一是增强图像中物体的边缘，使图像的颜色变得鲜明，提高图像的质量，生成更适合人眼观察和识别的图像；二是经过锐化处理，使目标物体的边缘更加鲜明，便于对其提取和分割，更好地进行目标分析和识别。

常用的图像锐化方法主要分为两类：一是微分法，包括一阶微分和二阶微分；二是高通滤波法。

图 5.27 给出了一种常用的称为拉普拉斯算子的图像锐化算法效果图。

（a）原图像

（b）锐化图像

图 5.27　拉普拉斯算子图像锐化效果图

5.4.3　图像分割

对图像进行处理的目的就是产生更适合人或计算机识别的图像，而其中关键的一步就是对包含大量而多样信息的图像进行分割。图像分割是按照一定的规则将一幅图像或者景物分成若干个子集的过程，如图 5.28 所示。相对于整幅图像来说，这种分割后的小区域更容易被人或者计算机快速识别和处理。

图 5.28　图像分割结果示意图

从分割依据上来划分，分为相似性分割和非连续性分割。相似性分割是将具有同一灰度级或者相同本质结构的像素凝聚到一起，形成图像中的不同区域，也称为基于区域的分割。而非连续分割是首先检测局部不连续性，再将其连接起来形成边界，通过这些边界将图像分割成不同的区域，也称为基于点的分割技术。

5.4.4　图像压缩

在实际应用中，一幅数字图像的数据量是非常巨大的，这给图像的传输和存储带来了相当大的困难。因此，图像压缩技术被广泛采用，以去除图像中的冗余信息，减少图像的数据量。这些冗余信息主要有以下几个方面：

- 空间性冗余：在图像中，相邻的两个像素具有较近的灰度值。
- 时间冗余：连续采集图像时，相邻两帧图像的像素之间有较强的相关性。
- 结构冗余：由于先验知识，人们知道图像中的一部分信息就可推知另一部分信息。
- 视觉冗余：由于人的视觉特性，当图像中的某些信息被去掉后，对人们观看图像时的视觉影响不大。
- 知识冗余：图像中携带的一部分信息，是人们已经知道的。
- 重要性冗余：用户通常只对原始图像的一部分信息感兴趣。
- 编码冗余：如果图像的灰度在编码时所用的符号数多于表示每个灰度级实际所需的最少符号数，这种编码方式得到的图像就具有编码冗余。

研究表明，原始图像的灰度分布越有规律，图像内容的结构性越强，各像素间的相关性越大，它可能被压缩的数据量就越多。

5.5 数字图像分析

我们可以从鸢尾花数据集中通过训练得到识别模型，再次输入新的鸢尾花的花萼和花瓣的测量数据后，就可以通过模型对其进行识别。当我们看到一朵鸢尾花的照片，我们的大脑可以通过花朵、叶子、植株的形态等特征对其进行分类判断，前提是我们知道这些先验知识。所以，要对图像进行检测和识别，图像特征的选择和提取就很重要，通过图像特征提取，我们可以把一幅图像使用特征向量的形式表示出来，然后通过训练模型教会计算机如何检测和识别这些特征，实现对图像的智能处理。

通过描述图像的颜色、区块形状、边缘、纹理等差异，可以达到一定的效果，但是往往达不到令人满意的效果。通过计算梯度方向直方图，归一化后，利用统计信息把其作为目标物的特征描述，研究人员开发出来 SIFT 特征和 HOG 特征，应用在行人检测等特定图像检测和识别任务中，取得了较好的效果。

SIFT 特征和 HOG 特征都是通过计算梯度方向直方图来获得图像的特征，那么，什么是梯度方向直方图呢？要理解这个概念，我们先了解一下什么是梯度。

还记得梯度下降法吗？在梯度下降法中，梯度实际上是一个向量，求梯度实际上就是对损失函数中的每个变量求微分，然后每个微分作为一个向量的元素，最后得到的向量即为梯度向量。该向量的方向被称为梯度方向，即指出了函数在给定点的上升最快的方向，而梯度的反方向就是函数在给定点下降最快的方向，即我们要找的方向。

那么，什么是图像的梯度呢？我们把相邻像素之间的差值称为图像梯度，也就是对于一个像素，和它相邻的像素比较，图像像素变化最大的位置图像梯度值最大。也就是图像中目标物体的边缘梯度值要比平滑纹理梯度值大。

最简单的计算梯度的方法使用一阶微分实现。一幅图像可以用函数 $f(x,y)$ 来表示，则 f 在坐标 (x, y) 处的梯度可以定义为一个二维列向量，如式（5.1）所示。

$$\vec{g}(f)=\begin{bmatrix} g_x \\ g_y \end{bmatrix}=\begin{bmatrix} \dfrac{\partial f}{\partial x} \\ \dfrac{\partial f}{\partial y} \end{bmatrix} \tag{5.1}$$

该向量指出了在坐标 (x, y) 处 f 的最大变化率的方向，其中，$\dfrac{\partial f}{\partial x}$ 表示 $f(x,y)$ 在 x 方向的灰度变换率，$\dfrac{\partial f}{\partial y}$ 表示 $f(x,y)$ 在 y 方向的灰度变换率。

梯度幅度可计算如式（5.2）所示。

$$g(f)=\sqrt{\left(\frac{\partial f}{\partial x}\right)^2+\left(\frac{\partial f}{\partial y}\right)^2} \tag{5.2}$$

由上式可知，梯度的幅度就是 $f(x,y)$ 在其最大变化率方向上的单位距离所增加的量。由于数字图像无法采用微分运算，因此一般采用差分运算来近似。式（5.2）按差分运算后的表达式如式（5.3）所示。

$$g(f)=\sqrt{[f(x,y)-f(x+1,y)]^2+[f(x,y)-f(x,y+1)]^2} \tag{5.3}$$

为了降低计算复杂度，提高运算速度，也可采用绝对差算法近似为式（5.4）。

$$g(f)=|f(x,y)-f(x+1,y)|^2+|f(x,y)-f(x,y+1)^2| \tag{5.4}$$

我们使用图 5.29 所示的图像分别计算其水平梯度和垂直梯度。

图 5.29　原始图像

为了描述简单，我们先把原始图像转换为灰度图像，梯度的计算是在灰度图像中每个像素上进行的，通过水平梯度和垂直梯度计算，我们可以得到两个结果矩阵，把这两个结果矩阵的值映射到图像上，我们可以看到如图 5.30 和图 5.31 所示的水平梯度图和垂直梯度图。

图 5.30　水平梯度图

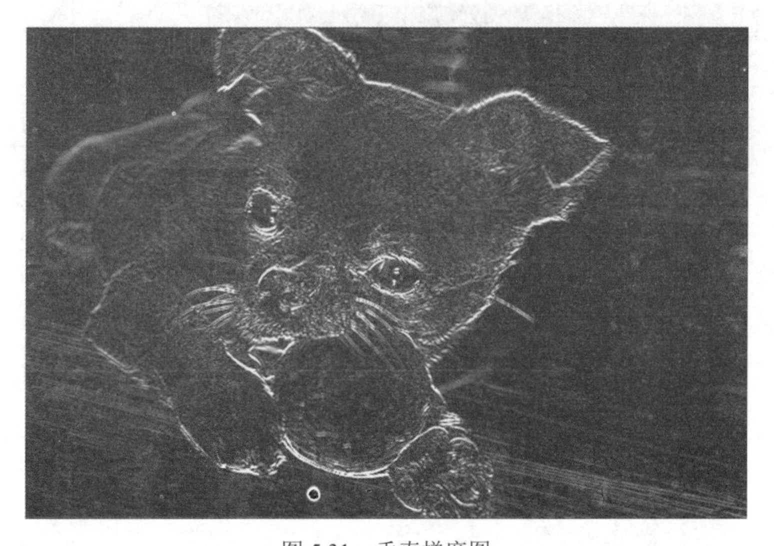

图 5.31　垂直梯度图

在水平梯度图中，竖向的边缘会显示得比较清楚；在垂直梯度图中，水平方向的边缘会显示得比较清楚。即水平梯度识别水平方向的变化（竖向边缘），垂直梯度识别垂直方向变化（横向边缘）。

梯度图中，每个像素的梯度包含了方向和大小两个分量，我们把它扩大一点，形成像素邻域，称为一个单元，例如划分 4×4 的单元或者 8×8 的单元，然后多个相邻单元组成一个块。

通过引入直方图，我们可以把上面划分的像素领域中每个像素的这两个分量放到一起来表示像素的梯度特征，多个像素的梯度特征按方向区域进行统计累计，这就是梯度方向直方图。

对于目标图像来说，50° 的梯度方向和 55° 的梯度方向区别并不是很大，所以，我们把 360° 方向划分为多个等分区域，例如，典型的 SIFT 算法就把 360° 划分成了 8 个等分区域，而典型的 HOG 算法则是在 0° ～ 180° 的范围内划分了 9 个等分区域。

对于在像素邻域内的每个像素，把同方向区域内的梯度大小和相关的信息计算后作为权重进行累加对应方向区域内，形成直方图。

对直方图进行归一化计算后，即得到梯度方向直方图，如图 5.32 所示

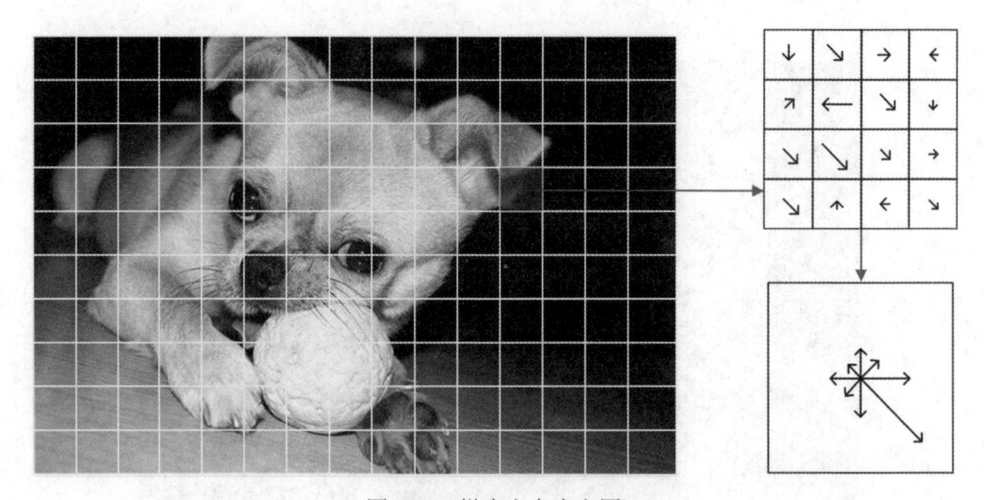

图 5.32　梯度方向直方图

对于一个目标图像，例如图 5.32 的图像，我们可以把它划分为很多个 16×16 的块，每个块再划分成 4 个 4×4 的单元，对每个单元计算梯度方向直方图，然后把所有区域的梯度方向直方图排列在一起后，就是该块的特征向量，归一化

后就是这个块的特征描述了。

SIFT 特征和 HOG 特征本质都是基于这种梯度方向直方图建立起来的。

5.6　视频分析

如今电视和互联网的视频内容越来越多，各类视频监控如安全监控、交通监控等每天都产生海量的视频数据，机器人和智能制造也越来越多地使用视频作为信息获取来源，对于能够自动分析视频内容，实现特定目的的需求越来越广泛，吸引大量的科研人员投身进来，视频分析技术获得了快速的发展。

例如，对于家庭服务机器人，如果机器人能够通过检测和分析服务对象的行为，实现对服务对象日常行为的监测，可以判读其是否能够正常吃饭、运动、吃药，是否存在摔倒等异常行为，从而给予健康状态和行为评测，提高服务质量。

在自动驾驶领域，自身车辆通过安装在车辆上不同方向的摄像头，实现对周边环境和目标物的检测和识别，例如对向车辆、行人、障碍物等，从而进行车辆安全性为评估，保障安全自动驾驶。

视频分析主要包括运动检测、目标跟踪和行为识别等内容。

视频分析以图像序列，也就是视频，作为其输入。最简单的应用场景是使用一台静止的摄像机，可以用来检测与跟踪运动的目标。在安防领域，我们常常需要这样的功能，能够检测与跟踪视频中的运动目标，以作为重点关注的对象。还有一种比较常用的但是相对较复杂的应用场景是摄像机运动目标静止，或者摄像机运动目标也运动，这种应用在机器人或自动驾驶场景中比较常见。

5.6.1　视频的概念

我们的眼睛有一种机制叫视觉暂留，就是当光线在视网膜底成像后，当光线消失时，成像信息并不会立即跟着消失，而是会在视网膜底保留一段时间。如果我们看一张张图像，如果图像切换够快，我们就感觉不到图像的切换。例如小时候我们会玩一种游戏，在一根冰棍棒上粘一张硬纸，硬纸的两边分别贴两张图，一张是鸟笼的图像，另一张是小鸟的图像，如图 5.33 所示，当用手掌快速搓动冰棍棒时，由于视觉暂留现象，我们就会看到鸟在鸟笼中。

图 5.33　视觉暂留示意图

我们用眼睛看到的图像可以通过相机采集成为一张张静止的图像，用摄像机则可以录制一段动态的画面，我们称之为视频。虽然我们看到的录制的视频和真实世界一样是连续的，但视频实际上离散的，它是由一张张的图片排列而成的图像序列，当我们对这个图像序列按每秒钟 24 帧快速播放的时候，由于人眼的视觉暂留机制，原本静止的画面就会运动起来了，如图 5.34 所示。在视频中，每一张图像我们称之为帧，图像序列也称为帧序列。

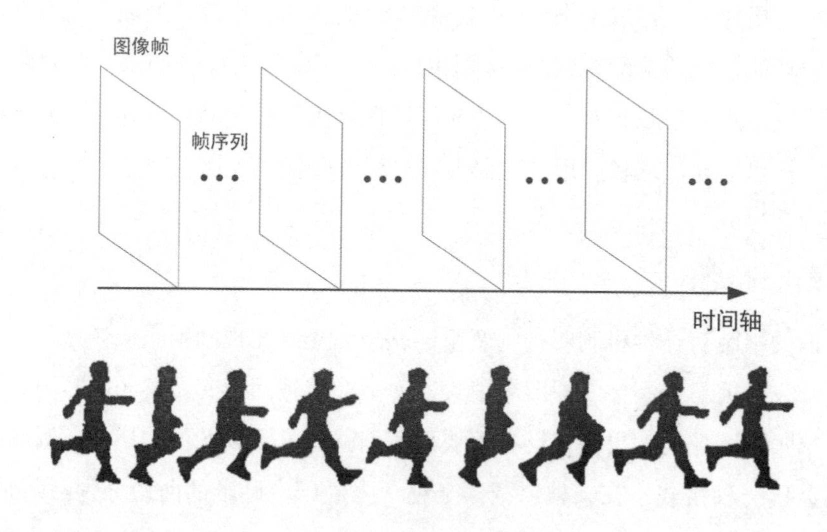

图 5.34　视频由帧序列组成

5.6.2　运动检测

运动检测是视频分析中最主要的内容之一，在视频压缩、自动驾驶、机器人等领域有很大的应用需求。

1. 差分运动检测

最常见的运动检测方法是差分运动分析。在 5.4.1 节中我们介绍了图像的减法，图像的减法是差分运动分析的核心实现算法。差分方法用于在静止摄像机及恒定光照的环境下，通过在时间轴上不同位置的图像帧相减，就可以检测出运动，得到的结果图像被称为差值图像。通过图像相减可以获得图像相同位置像素的差值信息。

噪声、光照变化和摄像机的晃动都有可能造成差分图像的错误检测。通常情况下，差分图像所获得的区域都可以被认为是运动产生的。

2. 背景差分运动检测

差分运动分析是提取时间轴上不同位置的图像帧进行相减，得到这两帧图像之间的差别。如果我们提前构建一个背景模型，即背景帧，所有的检测帧都和这个背景帧进行差分运算，则这种方法称为背景差分。

codebook 算法是目前比较常用的一种背景建模算法，它使用一个码本（codebook）cb 来描述一个像素，在一个码本中包含着若干码元（code element），这些码元就是该像素点的一个聚类表示。

codebook 算法首先确定一些建模的图像帧，通常情况下，可以使用 30 帧左右的图像作为建模的帧数。对这个帧序列图像的每个点进行建模，第一帧的所有像素点都需要新建码元。

对于一个像素来说，新建的码元其初始值为第一帧的像素值，它还有一个融合范围，如果第二帧在对应像素位置的像素值在这个融合范围内，则该码元融合该像素值并更新码元值，如果不在融合范围内，则为该像素新建一个码元。

重复以上过程，当所有参与建模的帧都被处理完后，通过计算码元的更新频数，并设定频数阈值来确定该码元是否是噪声码元，如果是噪声码元，则删除该码元。

通过以上过程，最终确立的码元模型即为码元背景模型。

混合高斯背景建模算法也是效果比较好的一种背景建模方法，但是它的计算量稍微大一些。此外还有自组织背景检测（Self-Organization Background Subtraction，SOBS）、基于颜色信息的背景建模方法（Color）、样本一致性背景建模算法（SACON）等，它们在对光照的鲁棒性、计算速度等方面各有不同的特点，可以根据应用场景来选择使用。

3. 光流运动检测

差分图像可以检测两幅图像之间是否存在运动，但是不容易分辨出该运动的特征，即运动的方向和大小等，引入光流（optic flow）运动检测可以检测出图像中运动的方向和大小。

光流是指在一定时间间隔内由运动造成的。对应到数字图像中，假设一个物体的拐角像素在当前图像是在图中的一个位置，到下一张图像，该物体对应的拐角像素因为物体本身的运动而被捕捉到在图中的另一个位置，那么这两个位置就体现了在帧间隔的时间片段内，物体拐角所运动的大小和方向。这种像素级的运动称为光流。

虽然视频是一个图像序列，但是它的第三维是时间而不是空间，所以视频依然表达的是二维空间场景，真实世界中的三维目标运动需要转换到二维空间中进行表示，我们把这种三维空间运动的二维表示称为光流场，光流场也称为运动场（motion field），由很多点组成，每个点是一个速度向量（velocity vector），每个速度向量包含速度大小、方向以及相对于参照帧运动的距离值。

光流计算基于以下两个假设：

- 亮度恒定约束：同一物体点的亮度信息不会随着时间的变化而改变。
- 速度平滑约束：在图像平面内，相邻的点速度接近。

光流场实际上就是图像中所有像素点的运动向量，如果在图像所表示的场景中没有运动的物体，那么，根据速度平滑约束，图像中所有像素点的运动向量应该是平滑变化的，如果有运动的物体，则运动物体对应的像素运动向量相对于背景像素的运动向量会出现差异，从而在图像中显示出运动物体所在的位置。

当摄像机运动时，所生成图像的背景像素运动是一致的，所以光流法适用于在摄像机运行的场景下检测独立相对运动的目标，并且可以精确计算出相对运动目标的运动速度和运动方向。

如果背景光线变化较大，则光流法的亮度恒定约束条件不满足，就得不到正确的光流场。

通过经典的 Gauss-Seidel 迭代的光流场被称为 Horn-Schunck 光流法，该方法对图像中所有的像素点进行计算，被称为是稠密的光流场。这种方法计算得到的效果较好，但是计算量较大，往往不能满足实时检测的需求。

Lucas-Kanade 光流法对 Horn-Schunck 光流法进行了改进，它引入了最小二乘法对邻域中的像素点求解光流。

5.6.3 目标跟踪

在图像中确定好目标后，在随后的图像序列中对指定目标进行定位的过程称为目标跟踪。

目标跟踪实际上是通过对目标图像特征的提取、融合和匹配来实现的。

在提取特征后，通过相似性检测来实现单一特征或组合特征之间的匹配，进而实现目标的跟踪。相似性算法在第 3 章已详细介绍过。例如通常可使用欧氏距离计算两组特征之间的距离，即表示这两组特征之间的差异。

如果对于图像序列中的每一帧都制定目标的全局内容匹配，运算量会非常大，因为处理的很多信息都是无用的。在实际场景下，目标的运动是一种连续运动，体现到图片序列中，这种连续运动就有一定的规律可循，利用这种规律，我们可以对要跟踪的目标可能出现的区域位置进行预测，从而缩小所跟踪目标的搜索范围。

常见的目标跟踪算法都是先预测目标位置，然后再在预测位置区域进行目标的精确定位，计算预测误差，并对预测算法进行修正。目标跟踪算法包括以搜索算法为主的卡尔曼（Kalman）滤波算法和粒子滤波算法等，以及以优化搜索方向为主的均值漂移算法（Meanshift）和连续自适应均值漂移（Camshift）算法。

1. 卡尔曼滤波算法

卡尔曼滤波算法是一个对动态系统的状态序列进行线性最小方差估计的算法。它通过状态方程和观测方程来描述一个动态系统，基于系统以前的状态序列对下一个状态作最优估计，预测时具有无偏、稳定和最优的特点，且具有计算量小、可实时计算的特点，可以准确地预测目标的位置和速度，但其只适合于线性且呈高斯分布的系统。

2. 粒子滤波算法

相对于卡尔曼滤波算法，粒子滤波算法特别适用于非线性、非高斯系统。粒子滤波算法是一种基于蒙特卡洛和贝叶斯估计理论的最优算法，它以递归的方式对测量数据进行序贯处理，因而无须对以前的测量数据进行存储和再处理，节省了大量的存储空间。在跟踪多形式的目标以及在非线性运动和测量模型中，粒子滤波算法具有极好的鲁棒性。

3. Meanshift 算法

Meanshift 算法是利用梯度优化方法实现快速目标定位，能够对非刚性目标进行实时跟踪，适合非线性运动目标的跟踪，对目标的变形、旋转等运动有较好的适用性。但是 Meanshift 算法在目标跟踪过程中没有利用目标在空间中的运动方向和运动速度信息，当周围环境存在干扰时（如光线、遮挡），容易丢失目标。

4. Camshift 算法

Camshift 算法是在 Meanshift 算法的基础上，进行了一定的扩展，结合目标色彩信息形成的一种改进的均值漂移算法。由于目标图像的直方图记录的是颜色出现的概率，这种方法不受目标形状变化的影响，可以有效地解决目标变形和部分遮挡的问题，且运算效率较高，但该算法在开始前需要由人工指定跟踪目标。

除了以上介绍的跟踪算法之外，经典的跟踪算法还包括 KLT 特征点跟踪算法、基于光流的跟踪算法和基于深度学习的跟踪算法等。尤其是深度学习应用于跟踪算法，已经成为跟踪算法研究的热点。

5.7 卷积神经网络 CNN

虽然 SIFT 和 HOG 方法通过梯度计算和统计的方式进行特征提取，要比能直观理解的颜色、外形之类的特征描述复杂了很多，但它依然是一种人工选择特征的方法，其识别效果还达不到让人类满意的程度。

改变这一切的推动力来自一项计算机视觉的竞赛。2009 年，李飞飞等人发表了一篇名为“ImageNet: A Large-Scale Hierarchical Image Database”的论文，并从 2010 年开始连续举办了 7 届 ImageNet 挑战赛。ImageNet 是一个免费开放的图像数据库，里面包含了上千万张标注好的照片，涵盖了数万种不同种类的物品。全球所有的研究团队，都可以通过 ImageNet 提供的数据和测试集来训练测试所研究算法的性能。现在 ImageNet 已提供 1400 余万张图像，2 万余种分类供研究人员使用。图 5.35 显示了 ImageNet 数据页面。

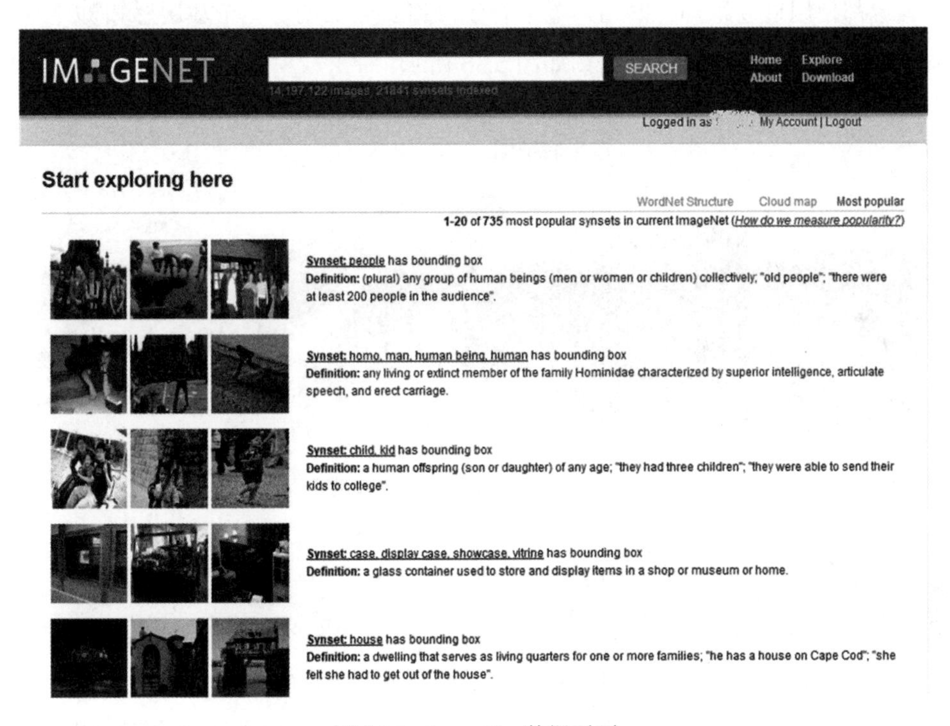

图 5.35　ImageNet 数据页面

2010 年第一届 ImageNet 挑战赛上，冠军队伍获得了 28% 的分类错误率的成绩，2011 年最好成绩提升至 25.7%；2012 年，辛顿的学生 Alex Krizhevsky 组队使用深度学习，将错误率降低达 10 个百分点，达到 15.3%，这也使得几乎所有的人工智能研究团队开始关注深度学习；2016 年微软的参赛团队将错误率降低至 4.9%，首次低于人类分类错误率的 5.1%；2017 年，这一成绩已低至 2.3%，因为如此良好的识别效果，ImageNet 挑战赛自 2018 年起不再举办。

深度学习的优势在于，特征提取不再由人工设计和限定，而是通过训练得到的，深层神经网络的复杂抽象能力使得训练得到的特征已无法被人力所能理解，但却具有良好的识别，效果。

2012 年 Alex Krizhevsky 所使用的算法是一种称为卷积神经网络（Convolutional Neural Network，CNN）的一种变体，称为 AlexNet。

卷积神经网络[55-58] 最早是由深度学习三大奠基人之一的勒丘恩在 1998 年提出来的，并在手写文字识别等方面得到广泛应用，2012 年之前有不少竞赛的获奖者也都使用过卷积神经网络，卷积神经网络实际上就是一个多层感知机，一个典型的卷积神经网络其基本结构如图 5.36 所示。

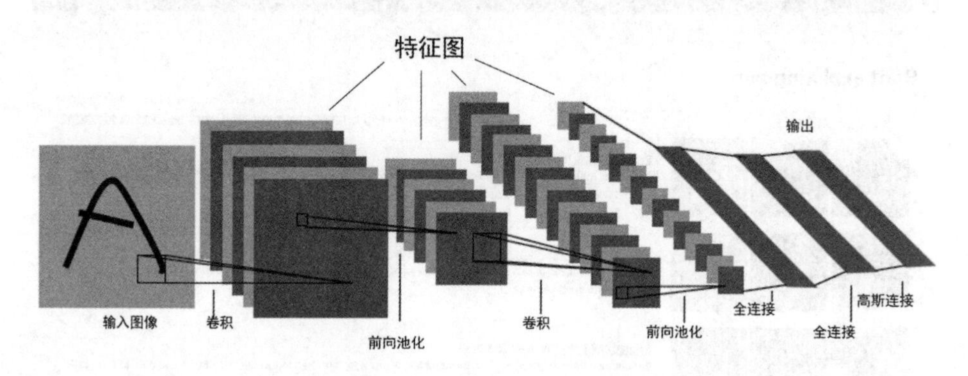

图 5.36　卷积神经网络结构图

5.7.1　卷积

在介绍卷积神经网络之前，我们先了解一下什么是卷积。

卷积是一种向量和矩阵的数学运算。因为数字图像使用矩阵来表示和存储，所以卷积是数字图像处理的一种基本运算方式，对图像而言，做卷积实际上就是一种滤波操作。

卷积运算的具体描述下：

对于尾数为 m 的向量 $\boldsymbol{a}=(a_1,a_2,\cdots,a_n)$ 和维数为 n 的向量 $\boldsymbol{b}=(b_1,b_2,\cdots,b_n)$，其中 $n\geqslant m$，其卷积 $\boldsymbol{a}*\boldsymbol{b}$ 的结果为维数为 $n-m+1$ 的一个向量 $\boldsymbol{c}=(c_1,c_2,\cdots,c_{n-m+1})$，并且对任意 $i\in\{1,2,\cdots,n-m+1\}$，有卷积运算，如式（5.5）所示。

$$c_i = \sum_{k=1}^{m} a_k b_{k+i-1} \quad (5.5)$$

看上去卷积挺麻烦，实际上很简单，我们来举例说明卷积的运算。

例如，有两个向量 ***a*** =(1,2,3)，***b*** =(1,2,3,4,5)，这两个向量必定是一长一短，至少是相等的。我们把短的放前面，如 ***a***，长的放后面，如 ***b***，这样就可以求卷积 ***a**b*** 了。卷积使用符号“*”表示。

卷积是一个滑动的过程，我们想象 ***a*** 在 ***b*** 里面滑动：

第 1 步，第一个位置为 ***a*** 的 (1,2,3) 和 ***b*** 的前三个数 (1,2,3) 所覆盖，然后求这两个 (1,2,3) 的向量内积，向量内积怎么计算呢？两个向量（长度相等）的内积为它们对应位置的数值相乘再求和所得，例如 ***a*** = (1,2,3)，***d*** = (4,5,6)，则卷积 ***a**b*** = 1×4+2×5+3×6=32。

因此，在这里 ***a*** =(1,2,3)，***b*** =(1,2,3)，***a**b*** = 1×1+2×2+3×3=14，计算的结果是一个数值，把它放在结果向量 ***c*** 的第 1 个位置。

第 2 步，***a*** 在 ***b*** 里面向后滑动一个位置，即为 ***a*** 的 (1,2,3) 和 ***b*** 的 (2,3,4) 所覆盖，然后求 (1,2,3) 和 (2,3,4) 的向量内积，计算的结果是 (1,2,3)*(2,3,4) = 1×2+2×3+3×4=20，把它放在结果向量 ***c*** 的第 2 个位置。

第 3 步，***a*** 在 ***b*** 里面再向后滑动一个位置，即为 ***a*** 的 (1,2,3) 和 ***b*** 的 (3,4,5) 所覆盖，然后求 (1,2,3) 和 (3,4,5) 的向量内积，计算的结果为 (1,2,3)*(3,4,5) = 1×3+2×4+3×5=26，把它放在结果向量 ***c*** 的第 3 个位置。

这时候，***a*** 在 ***b*** 里再往后就没位置了，则卷积运算结束。

具体滑动计算过程可以参照图 5.37。

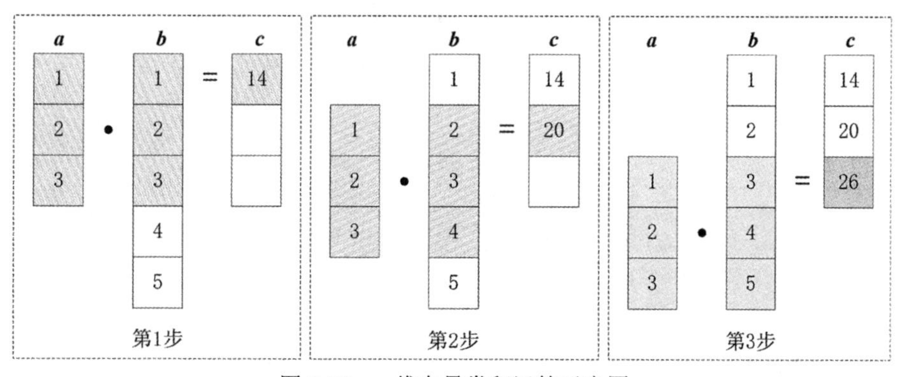

图 5.37　一维向量卷积运算示意图

类似的，我们可以把一维卷积的过程推广到二维矩阵中，这样就可以对图像进行处理了。两个二维矩阵的内积是这两个矩阵每个对应位置的数值相乘后再求和。

例如：矩阵$\begin{bmatrix}1 & 2\\3 & 4\end{bmatrix}$和矩阵$\begin{bmatrix}5 & 6\\7 & 8\end{bmatrix}$的内积为

$$\begin{bmatrix}1 & 2\\3 & 4\end{bmatrix}\cdot\begin{bmatrix}5 & 6\\7 & 8\end{bmatrix}=1\times5+2\times6+3\times7+4\times8=70$$

内积使用符号“•”表示。

在二维矩阵卷积中，同样我们需要定义两个矩阵，一大一小，一般情况下，大的矩阵是我们要处理的图像，小的矩阵我们称为卷积核，也称为算子，例如在前面计算图像梯度的时候，水平梯度和垂直梯度的计算就可以利用这种卷积核通过卷积计算。小矩阵的尺寸我们称之为卷积核尺寸（kernel size），它定义了每次运算卷积覆盖图像的面积。通常卷积核尺寸为奇数相乘，例如3×3，5×5，7×7等，以保证有一个中心点。

在遍历图像时每次卷积核移动的像素个数称为步长（Stride）。通常我们是对每一个像素依次进行操作，有时也会设置步长为更大的值以便快速扫描目标区域。

当卷积核大于1的时候，卷积操作会减小目标图像的尺寸。可以通过填充(Padding)来填补结果图像的边缘，使结果图像与所处理的目标图像在尺寸上保持一致。

我们直接通过图解来说明一个2×2矩阵在一个3×3矩阵中的卷积计算，如图5.38所示。

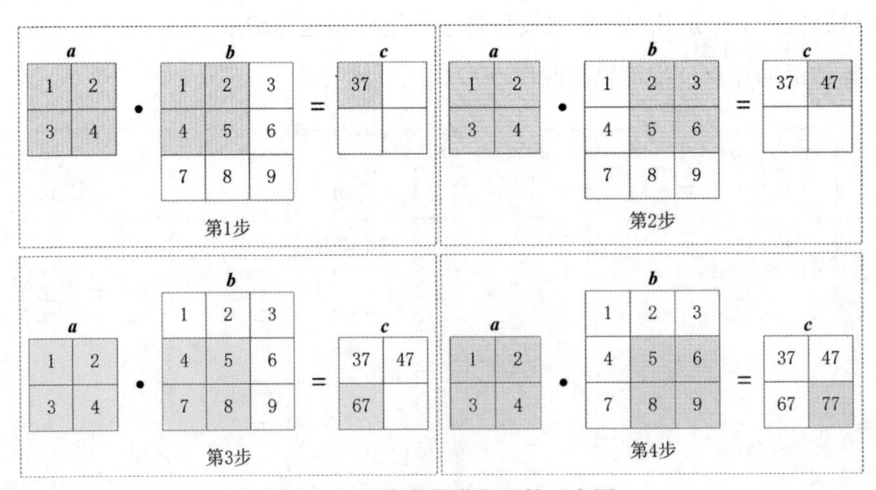

图5.38　二维向量卷积运算示意图

以此类推，我们还可以把卷积运算扩展到三维矩阵。例如，在彩色图像中，一幅图像由RGB三通道图像叠加而成，则我们可以把这种图像看作一个三维矩阵，然后设计对应的三维卷积核，在图像内进行滑动，即可计算彩色图像的卷积。

通常，对于三通道图像，我们会对应设计3通道的卷积核，这样该卷积核在三通道图像中依然只在纵向和横向两个方向滑动。

5.7.2 卷积层

卷积层是深度学习经常使用的一种层，如果一个深度神经网络主要由卷积层组成，称为卷积神经网络。

卷积层通过前面介绍的卷积运算对目标图像（原始图像或特征图像）进行变换，SIFT算法和HOG算法主要都是通过卷积运算来实现的，这样，通过改变卷积核对目标图像进行卷积运算，我们就可以提取各种不同的特征。

我们会设计多个不同的卷积核，这样对于一幅图像的多个通道以及图像的不同位置区域使用不同的卷积核，可以获得多个卷积结果，把这些结果再以不同的通道相组合，即称为特征图，特征图即为卷积层的最终输出。

卷积层可以作为神经网络的隐藏层，它既可以接受原始图像也可以接受特征图像作为它的输入，当前卷积层产生的特征图也可以作为下一层卷积层的输入。

很多图像处理方法都可以通过设计不同的卷积核来实现，我们下面会介绍一些常用的卷积核及其卷积效果。这里的原始图像没有再细分通道（彩色图像），通常情况下是对图像的不同通道使用卷积核来提取特征的。

1. 低通滤波

低通滤波在电子电气、声音图像、数据处理等很多领域都有应用，其实质就是设置这样一个阈值，低于这个阈值的频率信号才能通过，而高于这个阈值的频率信号则被过滤掉了。

在数字图像处理中，图像的低频区域就是图像变化不明显的区域，而图像的高频区域则是图像变化明显的区域。在5.4小节，我们曾经介绍，低通滤波可以有效去除图像噪声。因此，数字图像处理的低通滤波起到图像平滑的效果，所以低通滤波也称为平滑滤波。图5.39给出了低通滤波的平滑效果示例。

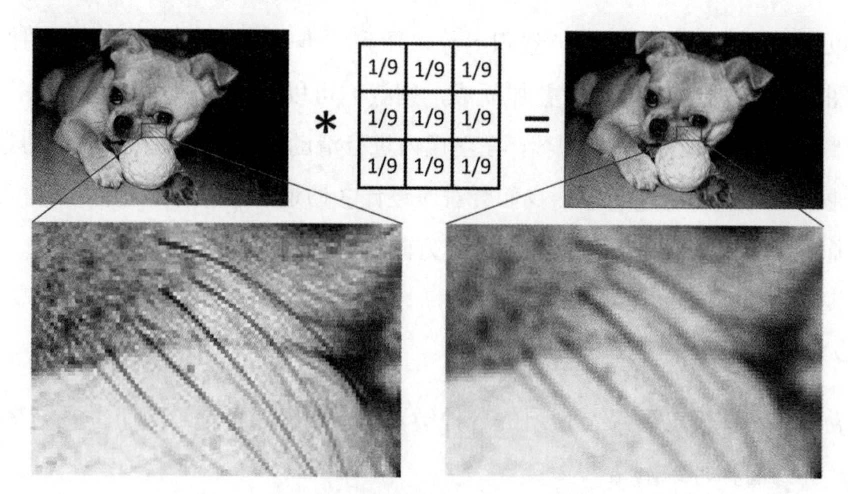

图 5.39　低通滤波卷积效果图

以下是几个常见的低通滤波卷积核：

（1）低通均值滤波。

$\begin{bmatrix} 1/9 & 1/9 & 1/9 \\ 1/9 & 1/9 & 1/9 \\ 1/9 & 1/9 & 1/9 \end{bmatrix}$，其实质是把卷积核覆盖的区域的 9 个像素取平均值。

（2）加权均值滤波。

$\begin{bmatrix} 1/10 & 1/10 & 1/10 \\ 1/10 & 2/10 & 1/10 \\ 1/10 & 1/10 & 1/10 \end{bmatrix}$，在低通均值滤波基础上，通过对中心加权，可获得加权均值滤波。

（3）高斯平滑滤波。

$\begin{bmatrix} 1/16 & 2/16 & 1/16 \\ 2/16 & 4/16 & 2/16 \\ 1/16 & 2/16 & 1/16 \end{bmatrix}$，高斯平滑滤波和均值滤波相比较，其在水平和垂直方向呈现高斯分布，中心点的权重更大，体现出来的平滑效果会更好。

2. 高通滤波

高通滤波和低通滤波相反，它保留高频信号而滤除低频信号。体现在图像上就是实现图像的边缘增强效果，如图 5.40 所示，因此也称为图像锐化。

高通滤波可用来进行边缘检测，可以把图像中的边缘凸显出来，而边缘外的其他图像信息则被弱化。前面介绍的梯度图实际上就是一种边缘检测。

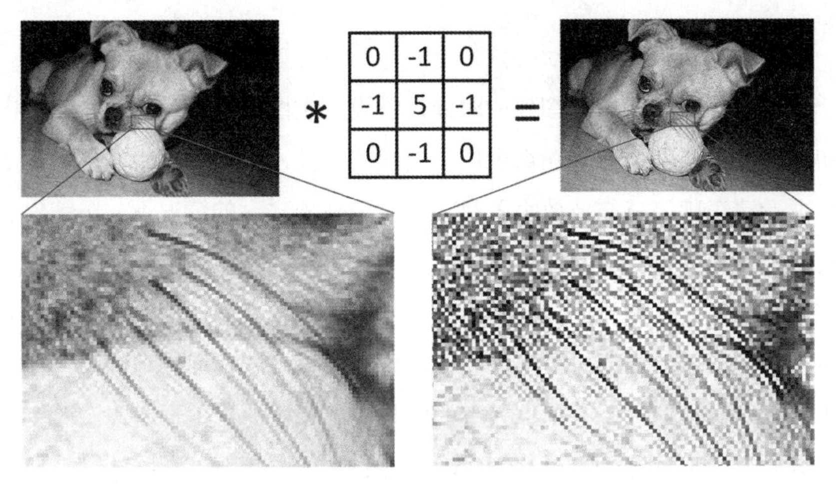

图 5.40 高通滤波卷积效果图

高通滤波的典型卷积核包括：

$$\begin{bmatrix}0 & -1 & 0\\ -1 & 5 & -1\\ 0 & -1 & 0\end{bmatrix}\begin{bmatrix}0 & -1 & 0\\ -1 & 4 & -1\\ 0 & -1 & 0\end{bmatrix}\begin{bmatrix}1 & -2 & 1\\ -2 & 5 & -2\\ 1 & -2 & 1\end{bmatrix}\begin{bmatrix}-1 & -1 & -1\\ -1 & 9 & -1\\ -1 & -1 & -1\end{bmatrix}\begin{bmatrix}-1 & -1 & -1\\ -1 & 8 & -1\\ -1 & -1 & -1\end{bmatrix}。$$

梯度图可看作在特定方向实现的边缘检测效果，这类典型的卷积核包括：

$$\begin{bmatrix}-1 & -1 & -1\\ 0 & 0 & 0\\ 1 & 1 & 1\end{bmatrix}\begin{bmatrix}-1 & 0 & 1\\ -1 & 0 & 1\\ -1 & 0 & 1\end{bmatrix}\begin{bmatrix}-1 & -2 & -1\\ 0 & 0 & 0\\ 1 & 2 & 1\end{bmatrix}\begin{bmatrix}-1 & 0 & 1\\ -2 & 0 & 2\\ -1 & 0 & 1\end{bmatrix}。$$

通过上面的叙述，我们解释了在数字图像处理中的卷积操作，并给出了数字图像处理中典型的卷积核应用。我们已经知道什么样的卷积核会获得什么样的图像处理效果，换句话说就是得到什么样的图像特征。

在卷积神经网络卷积层中的卷积操作与在数字图像处理中的卷积操作过程是完全相同的，卷积核的尺寸，即参数数目也是由人为指定的，但是，卷积神经网络中的卷积核不是人为指定的，而是通过不断地学习而获得的。

需要注意的是，在卷积神经网络中，特征图像通常都是多通道存在的，卷积核则对应为一个三维矩阵，其矩阵的厚度（与多通道贴合的那一面）与特征图像的通道数是相同的。

每个卷积核对特征图像进行处理后会输出一个单通道特征图，如果需要多通道的特征图，则需要使用多个卷积核对特征图像分别进行处理。

5.7.3 池化层

当我们用计算机看一幅图像的时候，假设真实图像分辨率很高，如果图像显示分辨率较低，我们会看到图像中比较宏观的特征，例如图片中的车辆等；如果我们想要看清车牌，就需要放大图片，在显示高分辨率的情况下，车牌信息就能清楚再现了。

在数字图像处理中有同样的效果，在图像分辨率相同的情况下，如果要获取较大目标的特征，就需要较大尺寸的卷积核，如果需要获取目标细节特征，则需要较小尺寸的卷积核。因为运算效率的影响，卷积核的尺寸通常不会改变，而是通过放大或者缩小图像分辨率来实现以上目的，这样就引入了池化层。

池化的效果就是放大或者缩小图像分辨率，例如将分辨率为 512×512 的图像放大分辨率为 1024×1024，或者缩减分辨率为 256×256。因此，池化分为前向池化（forward pooling）和反向池化（backward pooling），前向池化也称为下采样（subsampled），反向池化也称为上采样（upsampled）。通常情况下，我们所说的池化是指前向池化，即降低分辨率的操作。

缩减图像分辨率会解决卷积计算量过大的问题，这也是前向池化的主要目的之一。在卷积神经网络中，我们通常会在几个卷积层后插入池化层，主要目的就是降低特征图的分辨率。降低分辨率尺寸的倍数应为图像当前分辨率尺寸长和宽的公约数，以保证图像内的所有像素均参与运算。可以使用卷积运算的过程实现池化。

常见的池化方法包括平均池化（average pooling）和最大池化（max pooling）。

1. 平均池化

假设我们池化的窗口为 2×2，对于输入图像，展开，对 2×2 的窗口平移并取窗口内平均值采样，即为平均池化的值。

图 5.41 给出了前向平均池化的运算过程。

反向平均池化与前向平均池化过程相反，它取当前像素的均分值放到放大的多个像素空间中，图 5.42 给出了反向平均池化的运算过程。

2. 最大池化

假设我们池化的窗口为 2×2，对于输入图像，展开，对 2×2 的窗口平移并取窗口内最大值采样，即为最大池化的值。

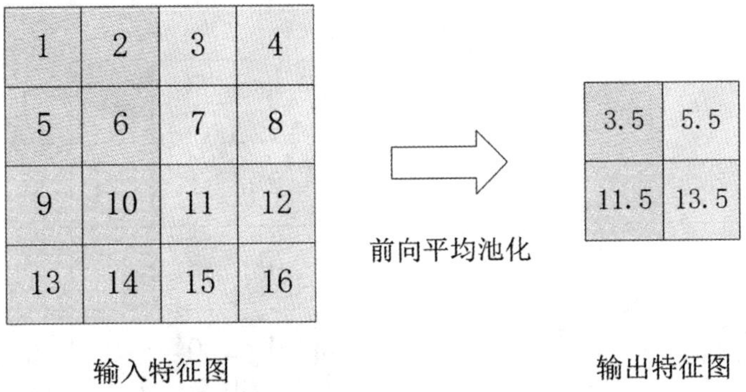

1
2
3
4
5
6
7
8
9
10
11
12
13
14
15
16
前向平均池化
3.5
5.5
11.5
13.5
输入特征图
输出特征图

图 5.41　前向平均池化运算过程

1
2
3
4
反向平均池化
1/4
1/4
1/2
1/2
1/4
1/4
1/2
1/2
3/4
3/4
1
1
3/4
3/4
1
1
输入特征图
输出特征图

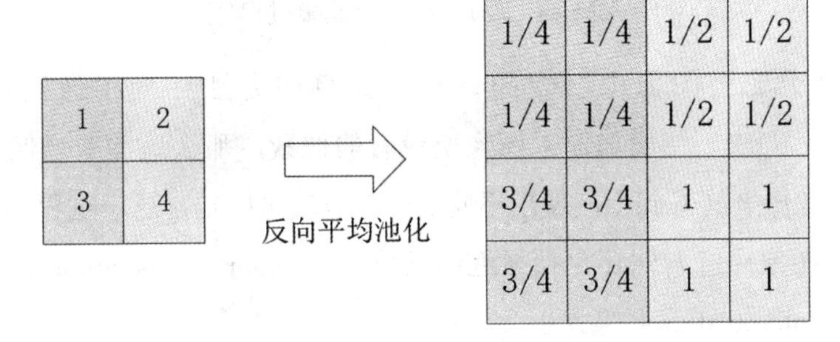

图 5.42　反向平均池化运算过程

图 5.43 给出了前向最大池化的运算过程。

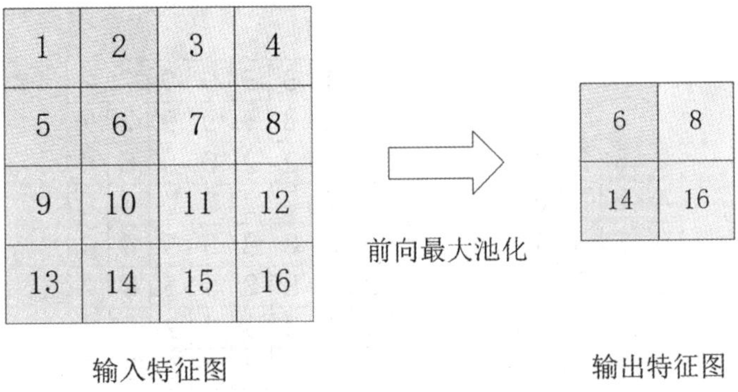

1
2
3
4
5
6
7
8
9
10
11
12
13
14
15
16
前向最大池化
6
8
14
16
输入特征图
输出特征图

图 5.43　前向最大池化运算过程

反向最大池化取当前像素的值放到放大后的对应像素空间中，其余像素值赋予 0 值，图 5.44 给出了反向最大池化的运算过程。

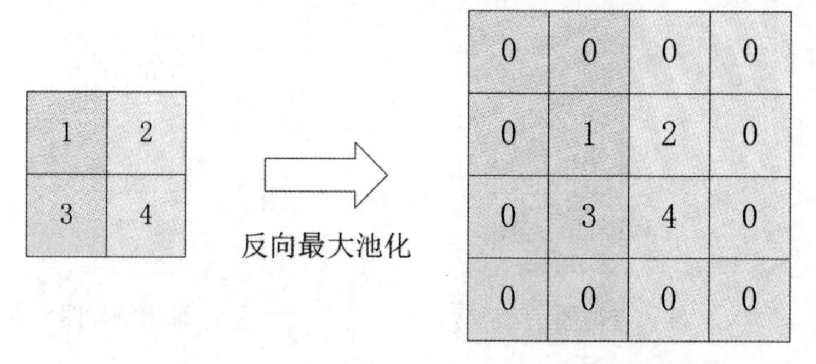

图 5.44　反向最大池化运算过程

以上对于放大图像中新增的像素值计算的方法称为图像插值（image interpolation）方法，会增加原来图像所没有的像素，那么这些新增像素的值可以在原有图像像素的基础上，使用不同的数学方法来确定，这个过程称为图像插值，常见的图像插值方法还包括最近邻插值（neighbor interpolation）、双线性插值（bilinear interpolation）等。

在放大后的图像中，(0, 0) 像素对应于原图像的 (0, 0) 像素，而 (0, 1) 像素对应于原图像中的 (0, 0.5) 像素，该像素在原图像中并不存在，此时就需要对原图像进行插值处理。最为简单的插值方式就是将原图像中每行像素重复取值一遍，每列像素重复取值一遍，这种插值方式称为最近邻插值，如图 5.45 所示。

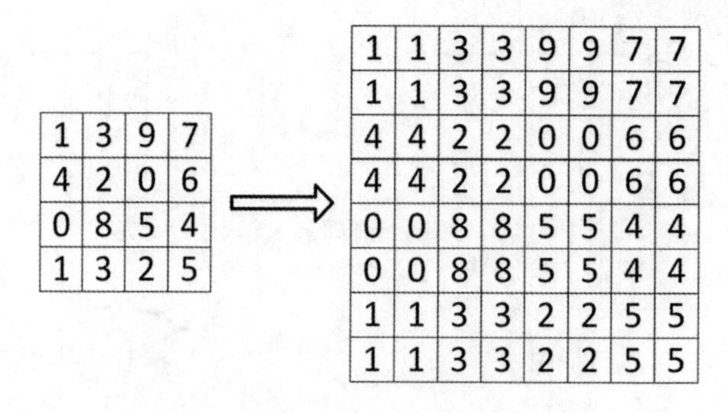

图 5.45　图像放大 4 倍（最近邻插值）

最近邻插值方法较为简单，但在图像放大倍数太大时，容易出现马赛克效应。一种更为有效的插值方法为线性插值法，即求出分数像素地址与周围四个像素点的距离比，根据该比值，由四个（或者更多）邻近的像素灰度值插值出分数像素值。如图5.45所示为最近邻插值法的实现示意图。

设待插值像素点为(x, y)，四个邻近像素点分别如图5.46所示，则(x, y)点的值可按式（5.6）计算得到。

$$\begin{aligned} g(x,y) = &(1-b)\cdot\{(1-a)\cdot g(x_0,y_0)+a\cdot g(x_0+1,y)\} \\ &+b\cdot\{(1-a)\cdot g(x_0,y_0+1)+a\cdot g(x_0+1,y_0+1)\} \end{aligned} \tag{5.6}$$

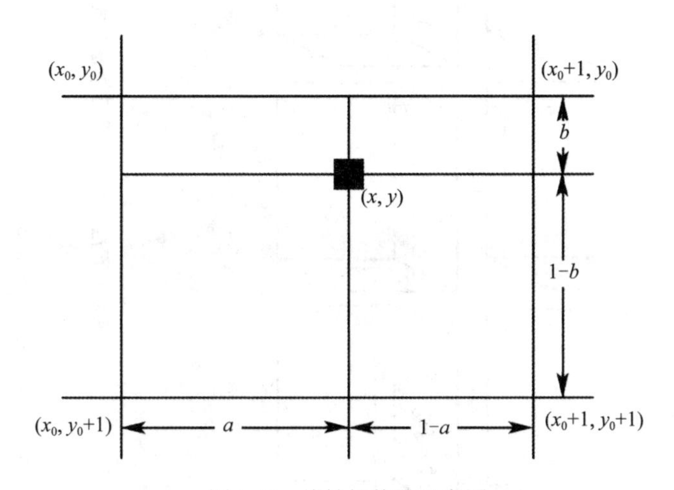

图5.46　线性插值法示意图

5.7.4　AlexNet

2012年神经网络模型AlexNet在第三届ImageNet挑战赛中夺得冠军，使深度学习迅速普及并成为实现人工智能最主要的方法之一，AlexNet本身属于卷积神经网络，虽然后来又有大量的性能更优的卷积神经网络出现，但AlexNet作为卷积神经网络的典型实现不断地被后人学习，下面我们就对AlexNet进行简单的说明。

AlexNet的深度只有8层，包括5层卷积层和3层全连接层，如图5.47所示。

AlexNet的参数个数为60M，因为竞赛目标是对1000类目标图像进行分类，因此其分类数目为1000。

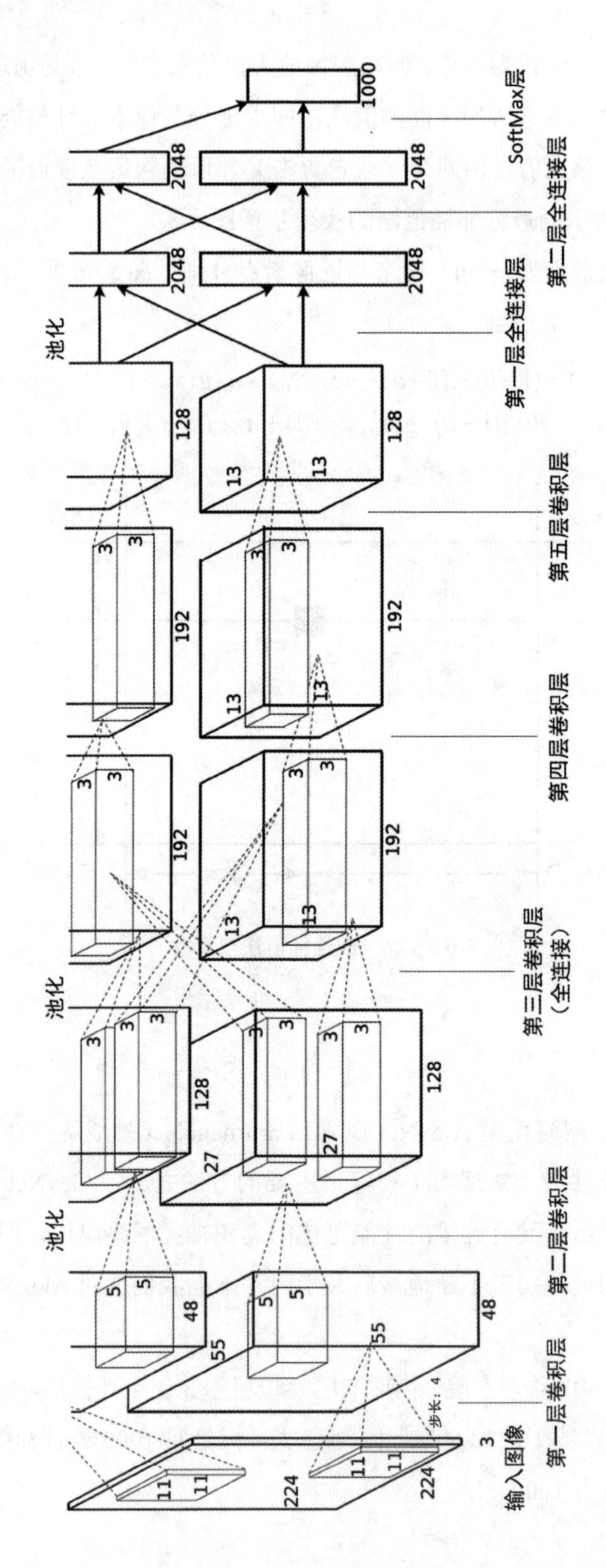

图 5.47　AlexNet 结构示意图

在卷积神经网络中，网络的参数个数就是指其使用的卷积核的尺寸之和。例如一个二维卷积核的尺寸为5×5，则这个卷积核中的参数个数为5×5=25个，一个三维卷积核的尺寸是3×3×3，那么在这个卷积核中的参数个数就有3×3×3=27个。

由于当时的硬件条件限制，因此AlexNet使用了双GPU并行结构，在其第一、二、四、五层的卷积层把模型参数都分成了两个部分进行训练，而把在第二卷积层和第一、二连接层及SoftMax层上的数据进行交互。

我们从图5.47最左边开始：

（1）最左边最大的那个平行四边形代表的输入图像，从图中我们可以知道，输入图像为大小是224×224，通道数（厚度）为3的图像。

（2）对于输入图像，AlexNet进行第一层卷积层操作，第一层卷积层设计的卷积核的尺寸是11×11×3（卷积核的高度×宽度×厚度），步长为4，一共设计了96个卷积核，均匀分布在图中上下两个GPU中分别计算；卷积后的结果为两个48通道，长宽尺寸为55×55的特征图像。

（3）在55×55的立方体内，有长宽尺寸为5×5的立方体，这就是第二层卷积层的卷积核，因为使用了两块GPU分别计算，所以其输入的特征图像通道数是96的一半，为48通道图像，所以第二层卷积层的卷积核尺寸为5×5×48，第二层每个GPU设计了128个卷积核，总共有256个卷积核。

（4）第三层卷积层的输入为全连接输入，即上一层两块GPU输出的所有特征图全部作为本层的输入，即第三层卷积层的输入特征图像的通道数为两个GPU在上一层的所有输出，即通道数为256，第三层卷积层的卷积核设计为3×3×256的尺寸，每个GPU卷积核个数设定为192，卷积核总数为384。

（5）第四层卷积层每个GPU的输入特征图像的通道数为192，是384的一半，这是因为在这一层，其输入只连接同一GPU的上一层输出，第四层卷积层的卷积核设计为3×3×192的尺寸，每个GPU卷积核个数设定为192，卷积核总数设定为384。

（6）第五层卷积层与第四层很相似，输入特征图像为192通道，卷积核设计为3×3×192的尺寸，每个GPU卷积核个数设定为128，卷积核总数设定为256。

（7）在第一、二、五层的卷积操作后，对特征图像进行了前向池化处理，采用的是 2×2 的最大池化方法，池化操作会改变特征图像的高度和宽度尺寸，而通道数不变。例如第一层的输出在池化前特征图像长宽尺寸为 55×55，池化后则为 27×27，第二层输出经过池化后特征图像变成了 13×13。

（8）在第五层卷积层输出后首先进行前向最大池化操作，然后后面是第一层全连接层，卷积层的作用是特征提取，全连接层的作用则是特征分类，因此，池化后输出的特征图像需要转化为一维向量作为全连接层的输入，设置卷积核尺寸为 7×7×256，个数为 2048×2，就可以得到输出为 4096 的向量。

（9）第二层全连接层为人工神经网络的全连接层，可进行权重参数的训练。

（10）最后一层称为 SoftMax 层，SoftMax 层在前面曾经介绍过，其作用是把输出概率归一化，使得所有的输出值之和为 1。

（11）在 AlexNet 中使用 ReLU 函数作为激活函数。

以上即为 AlexNet 的基本结构，AlexNet 虽然只有 5 层卷积层，但其参数数量就已达到 60M，参数数量越多，它就有更多的学习空间，就能表达更复杂的特征，因此，近几年发展的趋势是网络层数不断加深，从 2012 年的 5 层，到现在有的模型的上千层，这些复杂的模型在一些领域也表现出了更好的性能。

更复杂的网络因为过拟合、欠拟合或者梯度消失情形的发生，有时在性能上反而会降低，这些问题有一些解决的方法，但也有待于找出更有效的方法去解决。

5.8 小结

图像信息是人类认识世界的重要知识来源。在人工智能领域，对图像信息进行智能化的处理是主要的研究方向之一。

图像信息处理根据输入输出的不同，可以分为图像处理、图像分析和计算机视觉三块内容。它们之间既有所区别，又联系紧密。通常一个成熟的图像智能信息处理通过图像处理进行预处理，然后使用图像分析技术对所得到的图像特征进行进一步处理，提取图像内容和场景的语义表示，让计算机实现图像处理智能化的目的，最终能够识别图像中的内容。深度学习极大地提高了图像理解的准确率，在静态图像特定目标理解方面甚至已超越了人类的水平。

第 6 章 自然语言处理

本章微课资源

我们现在已经处于一个信息爆炸的时代，手机、计算机、书籍、电视、路边的广告、地铁和公交车里的小屏幕，随时随地，我们都在主动或者被动地接受外来的海量信息。这些信息以多种形式存在，包括视频、图像、声音、文字以及它们的混合体，其中，自然语言是最主要的信息载体。

从人类的历史来看，历史传承最主要的信息载体就是文字，直到现在，文字依然是最主要的信息载体。文字是人类语言的一种表现形式，

那么，什么是语言呢？语言是人类特有的表达意思、交流思想的工具，由语音、词汇、语法构成一定的体系[59]。语言有口语和书面语两种形式。而自然语言通常是指一种自然地随文化演化的语言。

英语、汉语、日语为自然语言的例子，而世界语则为人造语言，即一种由人蓄意为某些特定目的而创造的语言。不过，有时所有人类使用的语言（包括上述自然地随文化演化的语言，以及人造语言）都会被视为“自然”语言，以相对于如编程语言等为计算机而设的“人造”语言。

人类语言也被称为自然语言。通过程序使计算机能够听懂、看懂并且处理自然语言，能够在各种不同的语言之间进行互译和转换，能够把内在的含义使用计算机合成成自然语言，这些过程都被称为自然语言处理（Natural Language Processing，NLP）。

自然语言处理是人工智能领域最重要的研究方向之一，是帮助机器获得能够理解和处理人类的语言的能力。

依据自然语言是处理系统的输入还是输出，自然语言处理完成的功能也有所

不同，划分为自然语言理解（Natural Language Understanding，NLU）和自然语言生成（Natural Language Generation，NLG），如图 6.1 所示。

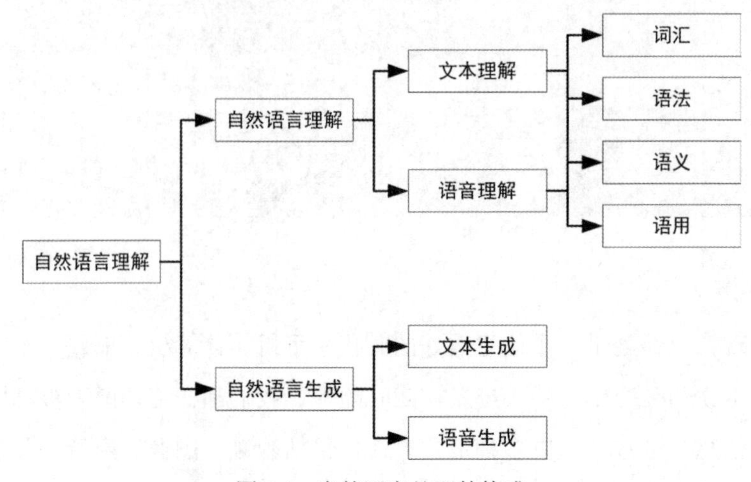

图 6.1　自然语言处理的构成

正如这两个名词字面表现的意思，自然语言理解使得计算机能够理解自然语言，也就是输入是自然语言，输出是计算机内部表示的语意。自然语言理解又包括词法、语法、语义、语用等内容。而自然语言生成则使计算机能够生成自然语言，即输入是计算机内部表示的语意，输出是自然语言。不论是输入还是输出，自然语言的表示可使用文本或语音两种表现形式[60]。

6.1　自然语言处理的发展历史

自然语言处理作为人工智能领域最重要的一个研究方向，其技术发展与人工智能的发展历史一样，可分为基于规则和基于统计两类研究方法。

早在 1913 年，俄国数学家马尔科夫就提出随机过程模型，被称为是马尔科夫模型，它是研究离散事件动态系统状态空间的重要方法，该模型实际上是一种字母频率的分类统计方法。

1953 年，IBM 公司联合美国乔治敦大学（Georgetown）开始机器翻译项目的研究，试图实现在特定领域两种语言之间的翻译，最早是在英文和俄文之间进行翻译，后来在中英文之间的翻译也进行了尝试。该项目推动自动翻译课题掀起第一波发展的高潮。

1956年艾弗拉姆・诺姆・乔姆斯基使用有限状态机去描述语法，使用数学模型对转化为符号序列的语言进行处理，被称为“形式语言理论”。

从20世纪50年代末开始，基于统计的很多理论和方法开始发展，包括贝叶斯理论、隐马尔科夫模型、最大熵原理、支持向量机等。但发展的主流还是基于规则的方法。

1957年，麻省理工学院的教授乔姆斯基出版了《生成语法》，这本书被认为是20世纪理论语言学领域最伟大的贡献。

早在20世纪60年代，麻省理工学院的维森鲍姆开发了最早的聊天机器人艾丽莎（ELIZA）[61]，艾丽莎扮演的是一个心理医生，它实际上并不是在理解句子意思的基础上进行对话，而是通过词频分析，然后在脚本库里找到一条合适的回复。在它的脚本库里，还有一些通用的回答和反问，以便在遇到陌生的问题，找不到合适的回答时使用。例如“你能举个例子吗？”“这很有意思，请继续说”诸如此类的话。

1972年，斯坦福大学的肯尼斯・科尔比使用计算机程序构造了PARRY，PARRY与艾丽莎实现的角色正好相反，它是一个能聊天的病人机器人。

以下是ELIZA与PARRY之间聊天的一段记录。

PARRY: I don’t understand your motives.（PARRY：我不明白你的动机）

ELIZA: WHY DON'T YOU UNDERSTAND MY MOTIVES?（ELIZA：为什么你不明白我的动机）

PARRY: Shouldn’t I be?（PARRY：我应该明白么？）

ELIZA: WHY DO YOU SAY THAT JUST NOW?(ELIZA: 你刚才为什么这么说？）

PARRY: That’s just the way it is.（PARRY：字面意思）

ELIZA: SUPPOSE THAT’S JUST THE WAY IT WERE NOT.（ELIZA：假设不是字面的意思）

PARRY: So?（PARRY：所以呢？）

ELIZA: I AM NOT SURE I UNDERSTAND YOU FULLY.（ELIZA：我不确定我明白你的意思）

PARRY: You harp on the same questions too much.（PARRY：你太执着了，死抓一

个问题）

ELIZA: WHAT DOES THAT SIMILARITY SUGGEST TO YOU?（ELIZA：有什么相似的可说的）

PARRY: I don't get you.（PARRY：我没明白你的意思）

ELIZA: DO YOU WISH THAT YOU DID GET I?(ELIZA: 你是希望你能明白我？）

我们可以看到，当没有人类角色加入后，计算机之间的对话完全变成了毫无意义的语句

1967 年，特里 · 维诺格拉德作为明斯基的学生在麻省理工学院为明斯基设计的机器人手臂搭建了一套自然语言命令系统，起名为 SHRDLU，也被称为“积木世界”。SHRDLU 整合了当时很多 AI 技术，并推动了计算机图形学的发展。值得一提的是，维诺格拉德的学生谢尔盖 · 布林和拉里 · 佩奇创建了谷歌公司。

虽然很多理论和方法发展了起来，但是距离实际应用还有很多难题需要解决。由于自动翻译进展缓慢，1966 年，美国科学院的自动语言处理顾问委员会 ALPAC 发布了《语言与机器》调研报告，依据调研报告，ALPAC 认为在可预见的未来自动翻译还无法进入实用阶段。

20 世纪 70 年代，贾里尼克等人提出使用数学模型和统计的方法，开始突破基于规则的自然语言处理方法。从 20 世纪 90 年代开始，由于语料库在机器翻译领域获得了突破，基于统计的方法开始流行，大规模真实语料库开始作为大家研究的重点，到 20 世纪 90 年代末，基于语料的词法处理、句法分析等算法已经成为自然语言处理的主流。

2011 年 IBM 公司的沃森在美国电视智力竞赛节目 Jeopardy！中击败人类对手，获得了百万美元的大奖。沃森基于知识图谱回答问题，其知识图谱包括 WordNet、Dbpedia、Yago 等常识图谱，以及电影数据库等专业数据源。沃森现在已经成为 IBM 公司的人工智能事业品牌，包括沃森医疗、沃森金融等。

随着深度学习的兴起，利用深度学习实现自然语言理解取得了非常好的效果，很多应用开始落地。

2016 年，谷歌公司发布神经机器翻译 GNMT（Google Neural Machine Translation），GNMT 以句子为基本翻译单位，采用 TensorFlow 平台，基于循环

神经网络 RNN 实现序列到序列的学习，相对于基于短语的翻译系统误差降低了多达 60%，翻译质量大幅提升。

2017 年，Facebook 公司使用卷积神经网络 CNN 实现序列到序列的学习，进一步提高翻译效率，相比谷歌的 RNN 有一个数量级上的提升。

6.2 自然语言处理典型应用

让计算机听懂我们的语言、看懂我们的文字、和我们进行交流对话一直是人工智能领域最主要的研究内容之一。因此，自然语言处理一直是人工智能最重要的研究方向之一。图 6.2 给出了现阶段自然语言处理的具体应用。

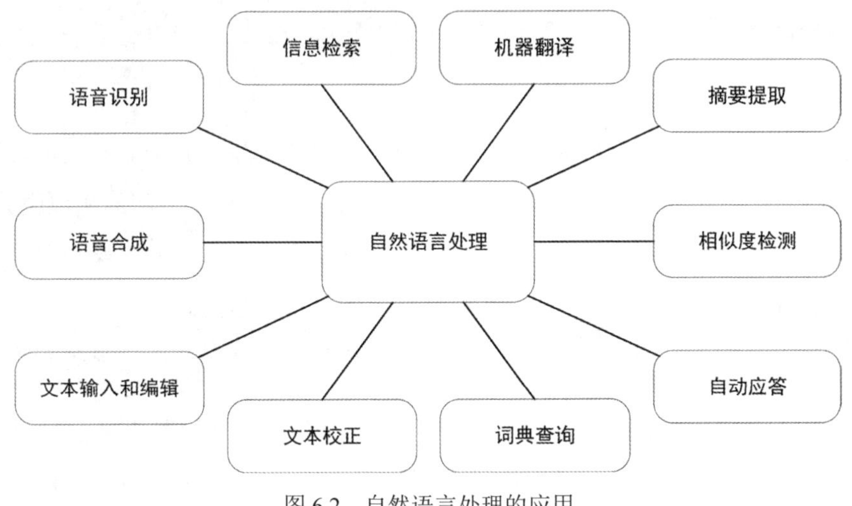

图 6.2 自然语言处理的应用

1. 信息检索

我们现在日常生活中已离不开搜索引擎，当我们有疑问的时候，就可以通过搜索引擎找到自己想要的答案。例如我们最常用的百度就是国内最大的搜索引擎网站。百度实际上提供的就是一种信息检索服务，在百度网页中，输入你想要检索的信息关键字，百度就会返回给你包含检索内容的网页、图片等。信息检索还具备模糊搜索的功能，即使我们输入的关键字信息不完整或者出错，在大多数情况下搜索引擎依然能够返回正常的结果。

2. 机器翻译（Machine Translation）

语言不通总是令人头疼的事。当我们阅读外文电子文档或者外文网站时，可以借助机器翻译工具将其转换为你想要的文字进行查看。例如360浏览器就提供了翻译插件可以实时把外文网站内容翻译成中文。我们也可以把一段中文输到百度翻译里，得到对应的英文文字。虽然目前对于中文和其他语言的翻译还不那么精确，但能帮助我们正确理解意思已没有问题。

3. 摘要提取

有时候需要处理海量的文本数据，以获得其摘要信息或者文档中的数据信息，这就需要用到摘要提取功能。摘要提取通过对文本数据内容进行分析，通过排序、相似度分析、统计等方法，提取文档中重要的句子或者自动生成句子形成摘要信息。

4. 相似度检测

现在的大学生，无论是本科生，还是硕士生、博士生，其毕业论文都要进行论文查重，论文查重的目的是要看看你的论文和已发表的论文之间的相似度关系，如果重复率过高的话就不能进行毕业答辩。论文查重是文章相似度检测主要应用场景，也可以通过文章相似度检测去检索相关的文章内容信息。

5. 自动应答

如果你使用苹果公司的手机或计算机，里面会有一个智能语音控制机器人Siri，利用Siri我们可以和手机或计算机直接对话，可以让设备阅读短信、询问天气、设置闹钟，还可以进行日常的对话。它和现在兴起的智能音箱、微软的小冰一样，都是典型的智能对话程序。

自动应答作为一种新兴人机接口，在服务机器人领域有很多应用场景。

6. 词典查询

词典查询是机器翻译的一种简单应用，它通过数据库的检索，把用户输入的词条所对应的数据库的解释或者翻译内容展示出来。

7. 文本校正

当我们使用 Word 时，如果打开校正功能，对于一些典型的语法错误、拼写错误以及用词错误就可以自动检测出来，并给出校正建议，方便我们对于输入的文本错误进行修改。

8. 文本输入

现在我们使用计算机输入中文的时候，如果使用的是带联想功能的拼音输入法，会大大提高文本输入的速度。新型的拼音输入法除了带有联想功能之外，还有模糊音功能和纠错功能等，即使打错了几个字母，输入法也会提供接近正确的选择。

9. 语音合成

语音合成技术实现了让机器人“像人”一样开口说话。该技术与传统的录音回放技术不同，它现在可以将任意文本随时转换为高自然度的语音播放出来。在很多公共场所的语音播报，汽车导航软件里的语音提示，都使用了语音合成技术。

10. 语音识别（Speech Recognition）

语音识别与语音合成的过程正好相反。语音合成是把文字转换为声音，而语音合成是把声音转换为文字，也就是让机器人能够“听懂”人们所说的话。很多老年人不会使用智能手机或者计算机输入文字，可以在手机或计算机上安装“讯飞输入法”或者其他的语音输入法，这样对着话筒说话，就可以直接获得语音对应的文字了。

6.3 自然语言处理基本技术[62,63]

传统的自然语言处理建立基于规则的模型，最根本的任务是理解语法和语义。

语法是指语言的基本规则，语法分词法和句法两个部分，词法的研究范围包括分词、词类和各类词的构成、词形变化（形态）。句法的研究范围是短语、句子的结构规律和类型。

不论是分词、词性标注还是句法，都是自然语言处理最基本的任务。

自然语言依据要处理的对象，从小到大划分可分为词汇级、短语级、句子级和篇章级的处理。依据处理过程可以划分为词法分析、句法分析、语义分析、语用分析等步骤。语义是指语言所蕴含的意义。

6.3.1 词法分析

词法分析主要包括分词、词性标注、命名实体识别和新词发现等内容。

1. 分词

在词法分析里，需要处理的最小单位是词，因此词法分析的前提是正确分词。分词是指将输入的自然语言按其含义，以词和词组的形式进行分割。

在英文中，词是语言的基本组成单位，由于其语言的特性，分词很容易，只需要根据在句子中的标点符号和空格进行分割即可。

中文和英文有很大的不同，中文文本可以看成一个字序列，词由单个字或多个字组成。在中文里的词不是自然划分的，不同的分词会导致对句子的不同理解。

例如，同样的句子："请将军用毛毯盖在士兵身上"，使用以下不同的分词方式，导致句子有不同的含义。这样就需要依据上下文来理解句子的含义。

含义 1："请 将 军用 毛毯 盖 在 士兵 身 上"

含义 2："请 将军 用 毛毯 盖 在 士兵 身 上"

中文分词常用的实现算法包括基于字符串匹配的分词、基于理解的分词、基于统计的分词等。

（1）基于字符串匹配的分词。基于字符串匹配的分词也称为基于字典的分析，即构建一个对照字典，设计遍历搜索算法实现分词。这种分词方法的实现简单方便，但易于产生歧义。

按照遍历搜索的方向不同，字符串匹配分词可分为正向匹配和逆向匹配。正向匹配是指从左到右，逐步删除最右边的字，然后进行新一轮的匹配。逆向匹配则与正向匹配方向相反，逐步去掉最左边的字，然后进行新一轮的匹配。

按照匹配长度的优先度进行区分，可以分为最大匹配和最小匹配。最大匹配是在所匹配词中找出分词长度最大的词作为匹配结果，最小匹配则相反，是在所匹配词中找出分词长度最小的词作为匹配结果。

具体分词过程中，常用的字符串匹配方法包括正向最大匹配法、最小切分和双向最大匹配等方法。正向最大匹配法是指从左到右找出最大匹配字典中的词作为分词结果；最小切分是指每一句中切分的数量最小；双向最大匹配是指进行从左到右、从右到左的两次扫描。

下面以一个例子来说明正向最大匹配法和逆向最大匹配法 [64,65]。

例如要进行分词的字符串是："指挥官兵的战斗"。

假定最大匹配字数设定为 5，并且我们的字典中的相关内容如下：

"指挥""指挥官""官""官兵""兵""的""战斗"。

正向最大匹配过程：

第一步：指挥官兵的→指挥官兵→指挥官 # 第一个词匹配成功。

第二步：兵的战斗→兵的战→兵的→兵 # 第二个词匹配成功，一个单字。

第三步：的战斗→的战→的 # 第三个词匹配成功。

第四步：战斗 # 第四个词匹配成功。

那么正向最大匹配的结果就是："指挥官 兵 的 战斗"。

逆向最大匹配过程：

第一步：官兵的作战→兵的作战→的作战→作战 # 第一个词匹配成功。

第二步：指挥官兵的→挥官兵的→官兵的→兵的→的 # 第二个词匹配成功

第三步：指挥官兵→挥官兵→官兵 # 第三个词匹配成功。

第四步：指挥 # 第四个词匹配成功。

所以逆向最大匹配后的结果为："指挥 官兵 的 战斗"。

对于中文来说，逆向最大匹配大多时候往往会比正向要准确。

（2）基于理解的分词。基于理解的分词前提是对句子进行理解，通过理解进行分析。它模拟我们对句子的理解过程进行分词，即首先进行句子的语法和语义分析，然后通过分析结果对歧义分词进行处理。对句子的理解本身是很复杂的一个子系统，需要大量的知识和信息支撑，目前这一点的实现并不十分完善。

（3）基于统计的分词。目前，基于统计的分词方法为主要使用的分词方法。它基于大量已有的分词样本，利用统计算法训练分词的规律，进而实现分词。

在实际应用时，统计分词都与字符串匹配分词相结合，以达到较好的分词效果。

表6.1给出了中文分词常用的实现算法比较。

表6.1 中文分词常用的实现算法比较

分词方法	基于字符串匹配分词	基于理解的分词	基于统计的分词
歧义识别	差	强	强
新词识别	差	强	强
需要词典	需要	不需要	不需要
需要语料库	否	否	是
需要规则库	否	是	否
算法复杂性	容易	很难	一般
技术成熟度	成熟	不成熟	成熟
实施难度	容易	很难	一般
分词准确性	一般	准确	较准
分词速度	快	慢	一般

2. 词性标注

词性是对词的分类标签，词性标注就是给分词结果加上这个分类标签。例如名词、动词、形容词等。词性标注可以看作自然语言处理的预处理过程，它为下一步语言理解提供了更丰富的语法信息，同时这个环节结果如果不准确将会直接影响到下一环节处理的效果。

对于词性标注的主要方法包括基于规则的、基于统计的以及二者相结合的方法。

（1）基于规则的词性标注。早期我们使用规则进行词性标注。对于有歧义词性的词，我们编写相应的规则，根据词与词之间的搭配关系和上下文判断其正确词性。

由于语言的复杂性，使用人工设定规则往往存在各种问题，于是发展了基于语料库的使用机器学习的方法进行词性标注规则自动提取的方法，如图6.3所示。

使用机器学习的方法进行词性标注规则自动提取的流程描述如下：首先对未标注文本（人工标注语料样本）通过机器学习算法进行初始标注，获得已标注文本，然后把已标注文本与正确的人工标注样本结果进行比较，进行结果反馈，修正机器学习的规则集，不断重复该过程，直到所有的人工标注语料样本重复学习达到迭代次数或标注结果达到设定标准。最终获得的规则集就是机器学习得到的最终结果。

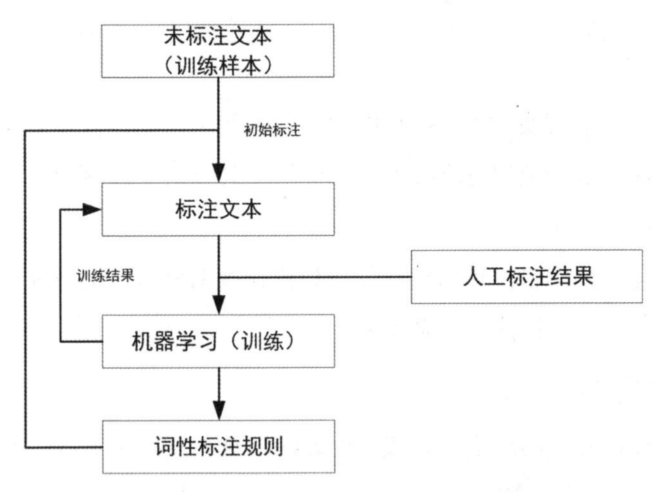

图 6.3　基于语料库的词性标注规则自动提取的方法

（2）基于统计的词性标注。基于统计的词性标注利用相邻词性同时出现的概率统计，构建响应的语言模型，通过寻找最大概率的词性标注序列进行词性标注。通常我们会使用马尔科夫模型或 HMM 模型实现。

（3）统计与规则相结合的词性标注。采用统计和规则方法相结合进行词性标注往往可以获得较好的结果。对于词性标注首先进行规则处理，然后再进行统计处理，最后进行人工校对并进行改进。在统计处理时，可以加入词性统计的可信度分析，通过可信度分析只对可信度较低的统计标注结果，进行人工校对和规则校对，以获得更好的词性标注结果。

3．命名实体识别

命名实体识别需要把命名实体和自然实体区分开，例如在句子中“苹果公司在 2018 年营收 XX 美元”，苹果就是一种命名实体，特指苹果公司，而不是我们吃的那种水果。命名实体包括人名、地名、机构名、日期时间等类别。命名实体识别通常需要构建一个命名实体知识库，以实现识别功能。

4．新词发现

在真实文本中，经常会遇到未登记在词典里的，新出现的专业术语或通用词汇，对于这类词，可设计相应的算法在语料库的基础上，生成新词候选词表，并补充到字典中。

6.3.2 句法分析

在分词之后，就需要对由词组成的句子、由句子组成的段落以及由段落组成的文章进行处理，这个处理过程称为句法分析。其中对于段落和文章的处理又称为文档结构分析。

对句子的句法分析包括句法结构分析和依存关系分析，这两种分析方法都可通过基于规则和基于统计的方法来实现。

1. 句法结构分析

句法结构分析是指通过语法树或其他算法，分析主语、谓语、宾语、定语、状语、补语等句子元素。

语法树把句子分成主语 + 谓语 + 句号，然后对每一部分进行进一步分析。例如句子“自然语言处理是人工智能分支。”可使用语法分析树描述，如图 6.4 所示。

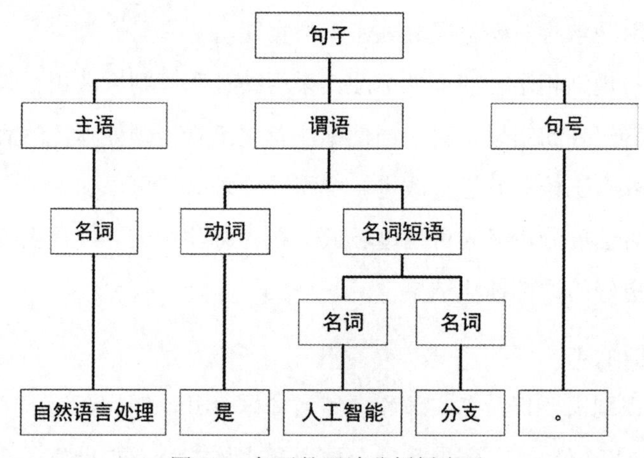

图 6.4 句子的语法分析树表示

2. 依存关系分析

依存关系分析把句子中的词分为两类，一类是核心词，一类是依存词，通过依存关系把这两类词连接到一起。依存关系认为句法结构在本质上体现的是词与词之间的依存关系。

6.3.3　语义分析

语义分析的目的是要获得所处理的语言表达的正确的含义。所以语义分析的第一步是要消除词汇的语意歧义，获得词汇的正确语义表示。然后在词汇语义的基础上，在句子级和段落篇章级实现语义表示、文本分类和文本聚类，以进一步实现对句子和文章的意图识别、情感分析、文本主题获得等。

常见的语义表示包括一阶逻辑表示（First-Order Logic，FOL）、语义网络表示和基于框架的表示等表示方法[63]。

1. 一阶逻辑表示

一阶逻辑是一种形式符号推理，也称为谓词逻辑。一阶逻辑通过使用逻辑符号和非逻辑符号形成一种形式语言，它可以简洁表达相关的事物、性质及其关系，但是并不是那么容易理解。例如一个典型的一阶逻辑案例如式（6.1）所示。

$$\exists x(\mathrm{Math}(x)) \rightarrow \mathrm{Prof}(x) \quad (6.1)$$

在式中，符号“∃”表示“存在”的意思；箭头“→”表示“如果……那么……”的逻辑关系；Math(x) 和 Prof(x) 是两个谓词表示，分别表示“x 是数学家”和“x 是教授”的意思。

这样，式（6.1）就可以表达这样一种语义：存在一个 x，如果 x 是数学家，那么 x是教授。

2. 语义网络表示

在语义网络中，网络节点表示事物本身，网络的连接用来表示事物之间的关系。例如，句子“老师给我一本书。”就可以使用图 6.5 表示。

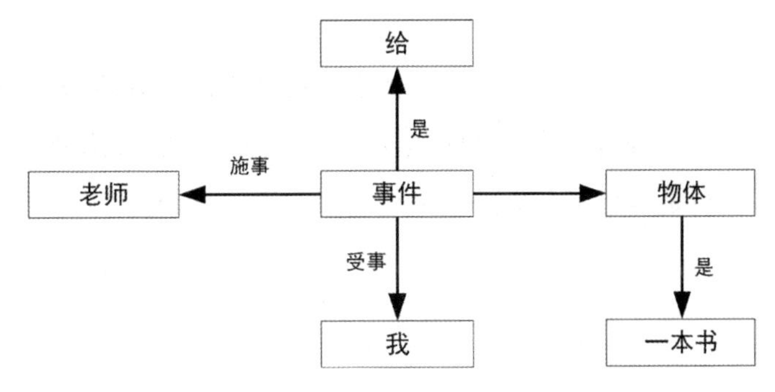

图 6.5　例句的语义网络表示

3. 基于框架的表示

基于框架的表示使用嵌套框架表示事物及事物之间的关系。

框架设计了一种通用的数据结构，对于一个事物可以套用现有框架将其归类，并进一步补充修改。例如，下面是一个描述“教师”的框架。

框架名：< 教师 >

类属：< 知识分子 >

工作范围：（教学，科研）

　　默认值：教学

学历：（本科，研究生）

学位：（学士，硕士，博士）

类型：（< 小学教师 >，< 中学教师 >，< 大学教师 >）

如果是描述“大学教师”，则“大学教师”的框架类属于“教师”框架，并可新增“职称”“专业”等内容进行扩充。

以上介绍的是一个简单知识的框架，当表示比较复杂的知识时，可以使用多个互相关联的框架来表示。

在如机器翻译、情感分析等应用中，语义的理解是最主要的内容，也是研究的难点所在。目前的语义分析还处于表层，上下文场景的变化会直接导致语义歧义的产生，目前实现效果较好的自动应答、语言翻译、文本摘要之类的应用，其本质并没有真正理解语言的含义，而是完全基于大数据统计的结果，真正想要让计算机理解语言的含义，还困难重重。尤其是自然语言中情感倾向的理解，还有很长的路要走。

6.3.4 语用分析

在语义分析的基础上结合上下文可实现语用分析，包括内容分析和内容生成。内容分析又包含语境分析和语意理解；内容生成包括规则匹配、知识推理和机器翻译等。语用分析是在语义分析基础上更高级的语言学分析。

6.4 自然语言特征提取

自然语言文本需要使用数学模型进行表示，以便使用各种数学工具对其进行处理，这就是自然语言的特征提取，我们也称之为文本特征提取。通常使用向量空间模型 VSM（Vector Space Model）进行这个过程处理。

向量空间模型把自然语言文本的内容转换为特征向量的形式并进行处理，使用向量的相似度计算来表示自然语言文本之间的语义相似度关系，就可以对文本进行智能化的分析、分类和处理。

目前基于词的向量空间处理从理论到应用都已经比较成熟。通过向量空间模型对词进行处理，获得的就是词向量，一个词向量中的所有向量构造了一个词向量空间，每一个向量则是空间内的一个点。对于词向量的应用通常有两种方式：一种是把词向量用于现有系统，以提高系统的性能；另一种是直接分析词向量，例如通过计算词向量之间的距离判断词与词之间的语义相似度等。

常用的词向量空间模型包括词袋模型 BOW、N-Gram 模型和 Word2Vec 模型等。

6.4.1 词袋模型 BOW

在对文本分词后，把每一个词在文档中出现的次数作为一个特征，整个文档就可以使用一个特征向量来表示。这种特征提取模型被称为词袋模型（Bag of Words）。词袋模型实际上就是一种词频字典，它也可以使用字、字母、字母组合等在文本中出现的次数统计来构造实现。

例如，有这样一段文本：

“我们今天上高等数学课，也上英语课。”

对上面的文本分词后，对词出现的次数进行统计，我们就可以使用一个二元组（tuple）集合来表示这段文本。

{（我们：1），（今天：1），（上：2），（高等数学：1），（课：2），（也：1），（英语：1）}

二元组实际上是一个二维向量，它表示两个变量之间的关系，例如上面的二元组（我们：1）就表示“我们”这个词在文本中出现的次数是 1。

词袋模型不考虑文本的语法、句法，也不考虑词与词之间的关系，在词袋里每个词都是独立的，通过词频来体现文本的主题含义。

对于上面的二元组集合，我们把它的词按文本词序排列，词出现的次数使用向量表示，就可得到词计数向量（term counting vector）（1,1,2,1,2,1,1），对该向量归一化后，可得词频向量（term frequency vector）$\left(\frac{1}{9}\ \frac{1}{9}\ \frac{2}{9}\ \frac{1}{9}\ \frac{2}{9}\ \frac{1}{9}\ \frac{1}{9}\right)$。

假设有多个文本，对于一个统一的词典，对每一个文本使用词袋模型生成词频向量，根据各个文本之间的词频向量相似度计算，就可以实现文本相似度计算了。

词袋模型是最简单的一种自然语言特征提取模型，在实际应用中，还需要和其他相关的自然语言处理技术相结合，才能取得较好的处理效果。

6.4.2 N-Gram 模型

在前面的词袋模型里，每个词都是独立的。从词袋模型得到的词向量不能反映词与词之间的关系，无法通过这个模型比较两个词的语义是否相似；另一方面，随着词典规模越来越大，词袋模型维度变得越来越大，而且模型有效值分布越来越稀疏，这种情况被称为“维度灾难”，在这种情况下，计算需求会越来越高，而计算效率会越来越低。

实际上词与词之间是有上下文关系的，N-Gram 模型包含了 N 个词的序列，它定义了在给定前 n-1 个词时，第 n 个词当前出现的概率。也就是说，当前词的出现的概率与前 n-1 个词的出现有关，而与其他任何元素没有关系。

整个句子的概率就是组成句子的词出现的概率的乘积。词同时出现的概率是在前期通过语料统计得到的，如式（6.2）所示。

$$P\left(x_1,x_2,\cdots x_T\right)=P\left(x_1,x_2,\cdots x_{n-1}\right)\prod_{t=n}^{T}P\left(x_t\left|x_{t-n+1},\cdots,x_{t-1}\right.\right) \tag{6.2}$$

在式（6.1）中，$P(x)$ 表示 x 在语料库中出现的概率。

通常 N 的取值不超过 3。当 N 为 1 时，称为一元语法（unigram）; N 为 2 时，称为二元语法（bigram）; N 为 3 时，称为三元语法（trigram）。

通过统计每个可能的 N-Gram 词序列在训练集中出现的次数可以获得其最大似然估计，从而进行 N-Gram 的训练。

我们可以使用 N-Gram 模型计算词距离，词的距离反映了词与词之间的相似性度量，图 6.6 给出了计算词距离方法的流程示意图。

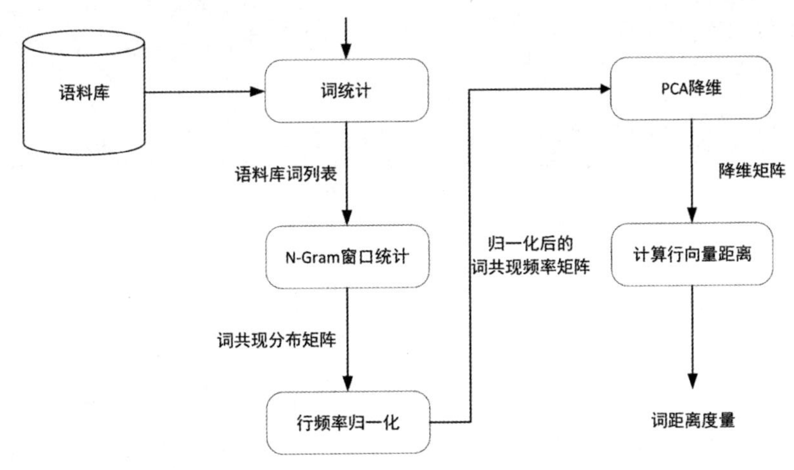

图 6.6　N-Gram 模型计算词距离

在计算词距离时，第一步先进行分词统计，通过对语料库中的词进行处理，获得基础词向量。第二步，对语料库文本进行扫描，选择 N-Gram 窗口大小，例如使用二元语法，则窗口大小为 2，获得所有词的共现分布矩阵。如果语料库词汇数为 N，则共现分布矩阵的大小为 $N \times N$。

例如，对于两个文本：

"高等数学难学"

"英语比高等数学难学"

可以构建由以下 5 个词汇组成（高等数学、难、学、英语、比）的词典，这样就可以构建 5×5 的词的共现分布矩阵，见表 6.2。

表 6.2　二元语法模型词共现分布矩阵

词汇	高等数学	难	学	英语	比
高等数学	0	2	0	0	0
难	0	0	2	0	0
学	0	0	0	0	0
英语	0	0	0	0	1
比	1	0	0	0	0

得到共现分布矩阵后，需要进行行频率归一化，即对每一行的词频进行归一化处理。归一化的方法是将每一个数据除以该行所有数据之和，经过行频率归一

化后，可得到表 6.3。

表 6.3　二元语法模型词共现频率矩阵

词汇	高等数学	难	学	英语	比
高等数学	0	1	0	0	0
难	0	0	1	0	0
学	0	0	0	0	0
英语	0	0	0	0	1
比	1	0	0	0	0

在实际应用中，共现矩阵规模非常大，并且在矩阵中很多数值都是 0，这种矩阵我们称之为稀疏矩阵。每一个单词对应的行向量也是一个规模很大的稀疏向量。通过 PCA 算法可以对稀疏矩阵进行降维。

PCA 算法也称为主成分分析（Principal Component Analysis），PCA 算法常用于高维数据的降维处理，它可以把具有相关性的高维变量映射到低维空间，将其转换为低维变量实现降维。例如，可以把二维数据集降维成一维，就是把平面映射成一条线；三维数据集可以降成二维，就是把三维空间映射成一个平面。

在得到降维后的词向量后，可以使用距离算法进行词向量的距离计算。例如词 A 的向量为 $\boldsymbol{A}=(a_1,a_2,\cdots,a_n)$，词 B 的向量为 $\boldsymbol{B}=(b_1,b_2,\cdots,b_n)$，可使用海林格距离（Hellinger Distance）公式计算这两个词之间的距离，海林格距离公式如式（6.3）所示。

$$D(\boldsymbol{A},\boldsymbol{B})=\frac{1}{\sqrt{2}}\sqrt{\sum_{i=1}^{n}\left(\sqrt{a_i}-\sqrt{b_i}\right)^2} \tag{6.3}$$

通过海林格距离公式计算后，就得到两个词向量的距离，这个距离值越小，就表明对应的这两个词越相似。

6.4.3　Word2Vec 模型

谷歌公司在 2013 年发布了 Word2Vec，它是一个开源的词向量工具。Word2Vec 可以把文本中的字词计算生成计算机可理解的向量表示，基于这些向量我们可以进一步进行词性标注、文本分类和机器翻译等工作 [66]。Word2Vec 从提出至今，已经成为了深度学习在自然语言处理中的基础部件，各种深度学习模型在处理词、短语、句子、段落等各个级别的文本要素时都需要用 word2vec 来做词级别的嵌入。

1. 基本概念

Word2Vec 的特点是简单、高效。它是一种基于神经网络的语言模型。它假设如果两个词的邻近词分布非常类似，那我们就认为这两个词的语义很相近。

这种语义映射的方式可以直接应用于机器翻译中。我们可以为两种不同的语言构建两个不同的语言空间，并在这两个语言空间之间建立映射关系，这样就可以在这两个语言之间实现语言翻译。

在实际应用中，基于此技术建立的英语对西班牙语的机器翻译可以达到 90%的准确率。

在英语对西班牙语的机器翻译中，基于英语和西班牙语两种不同语言的语料库，通过 Word2Vec 训练，可以得到两种不同语言的词的向量表示，即词向量。

我们把词向量映射到对应语言的向量空间。例如，从英语中取出 5 个词（one,two,three,four,five），利用 PCA 对这 5 个词向量进行降维，得到相应的二维向量，在二维平面上把这 5 个单词的二维特征向量描绘出来，即可得到如图 6.7 所示的示意图。

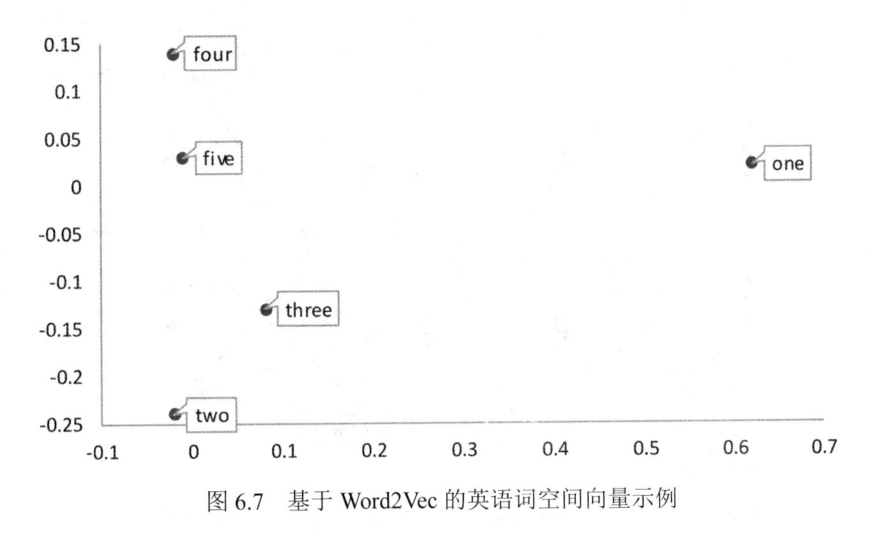

图 6.7　基于 Word2Vec 的英语词空间向量示例

采用同样的方法，从西班牙语中取出 5 个词（uno,dos,tre,cautro,cinco），对应前面英语所取的（one,two,three,four,five），将这5个词对应的词向量进行降维、映射调整后得到如图6.8所示的示意图。

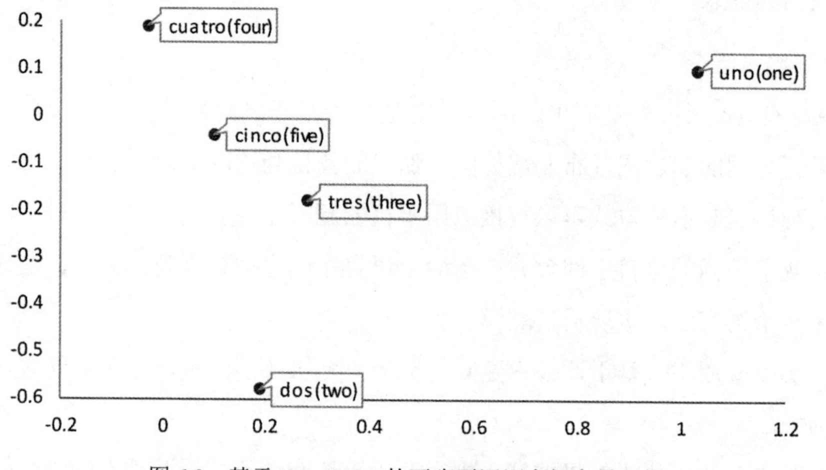

图6.8　基于Word2Vec的西班牙语词空间向量示例

从图6.7和图6.8可以看出，英语的5个词与相同语义的西班牙语的5个词在两种语言的词空间向量相对位置非常相近。也就是说，对于不同语言，其词空间向量表达相同语义时具有相似的向量空间结构。

Word2Vec本质是一种基于神经网络的概率语言模型，其神经网络架构示意图如图6.9所示。

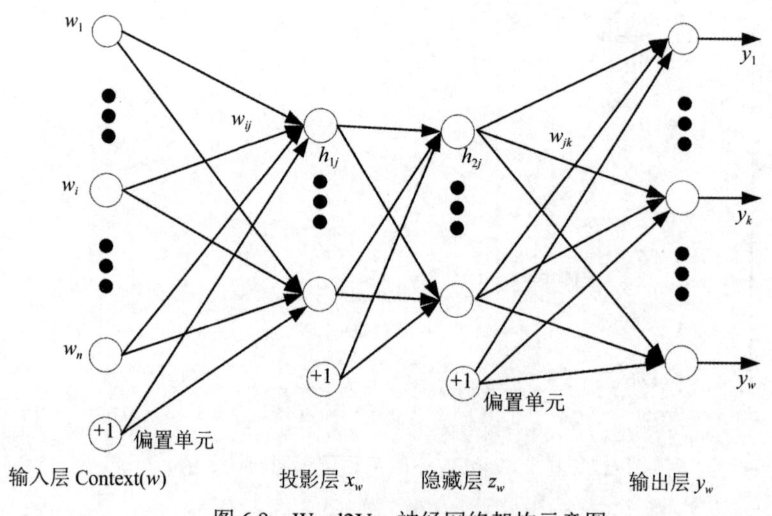

图6.9　Word2Vec神经网络架构示意图

Word2Vec 是通过一个包含输入层、投影层、隐藏层和输出层的 4 层神经网络实现的，如图 6.9 所示。在提前确定词向量长度 m 后，对于对应的语料库逐一遍历每一个词 w，采用类似于 N-Gram 的方法取 w 的前 $n-1$ 个词，使用 Context(w) 表示，n 为 w 的上下文长度，把 (Context(w),w) 构成二元组，这个二元组即为 Word2Vec 的训练样本，可作为神经网络输入。

Word2Vec 投影层将输入层的 Context(w) 的 $n-1$ 个词向量进行首位相接，形成一个新的长向量，该向量的长度是 $(n-1)m$，即为投影层的规模。

Word2Vec 隐藏层的规模由用户在外部确定，隐藏层的激活函数是双曲正切函数 tanh。

Word2Vec 输出层是一个哈夫曼树，每一个词是哈夫曼树的一个叶子节点。即输出层规模为语料库中所有的词汇数量。输出层采用 Softmax 函数进行归一化。

Word2Vec 根据向量空间模型的分类可以分为两种模式，一种称为 CBOW（Continuous Bag of Words）模型，实现从原始语句推测目标字词；另一种被称为 Skip-Gram 模型，实现从目标字词推测原始语句。

2. CBOW 模型

CBOW 模型可以通过周围的词来推测当前词，其输入是周围词的词向量，输出是预测词的词向量，其模型如图 6.10 所示。

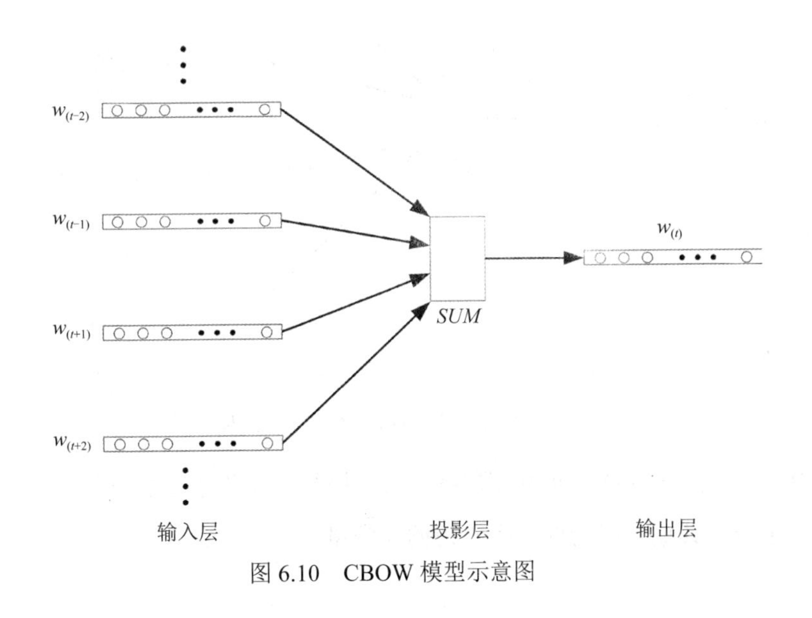

图 6.10　CBOW 模型示意图

CBOW 的神经网络由输入层、投影层和输出层组成，其输入层为词 w 的上下文 Context(w)，在这里向前向后两个方向分别取词的上下文，单侧方向上下文的个数是 $n-1$，输入向量总长度为 $(2n-2)\times m$。

在投影层，CBOW 将输入层的所有向量不是做拼接，而是做求和累加，如式（6.4）所示，其中 $v(w)$ 表示词 w 的向量。

$$SUM = \sum_{i=1}^{2n-2} v[Context(w)_i] \tag{6.4}$$

CBOW 没有设置隐藏层，投影层直接连接输出层。

对于输出层，CBOW 以每个词在语料库中出现的频率作为权值，并将每个词作为叶子结点构建成一个哈夫曼树，哈夫曼树的个数与词典中词的个数相等。

3. Skip-Gram 模型

Skip-Gram 模型与 CBOW 模型正好相反，它可以通过当前词来推测周围的词，其输入是当前词的词向量，输出是预测的周围的词的词向量，其模型如图 6.11 所示。

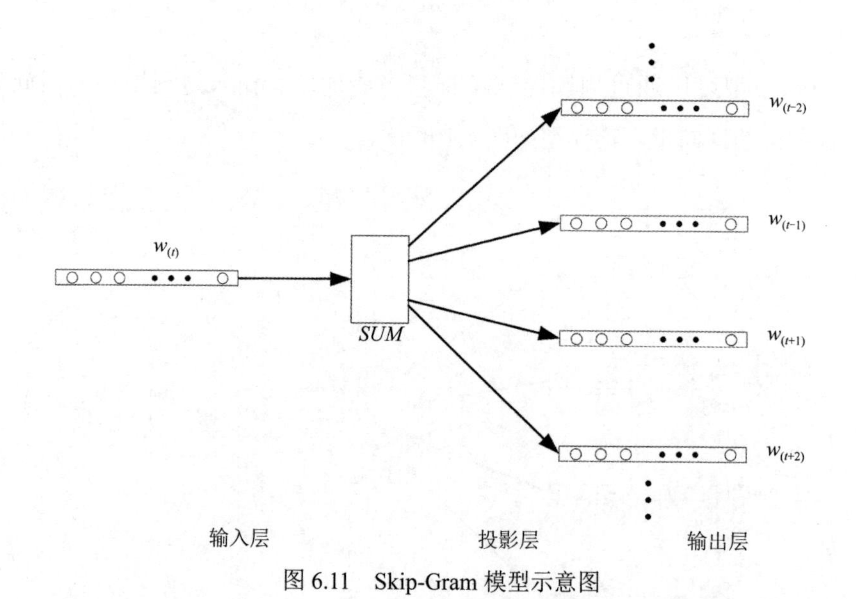

图 6.11　Skip-Gram 模型示意图

Skip-Gram 模型和 CBOW 模型一样，其神经网络也是由输入层、投影层和输出层组成，其输入层为样本中心词的词向量。

在投影层，Skip-Gram 将输入层的词向量直接做对等投影，不做任何运算。Skip-Gram 也没有设置隐藏层，投影层直接连接输出层。

对于输出层，Skip-Gram 对应的也是一个哈夫曼树，树的叶子结点个数为中心词前后方向的上下文词的个数。

下面介绍一下哈夫曼树和哈夫曼编码。

哈夫曼树的构建过程描述如下：

第一步：初始化向量 $(w_1,w_2,\cdots,w_n)$ 有 n 个节点，每个节点都有自己的权重，把每个节点看作一棵树，每棵树都只有一个节点，这些树构成一个森林。

第二步：从森林中选择根节点权重最小的两个节点，把这两个节点合并为一棵新树，原来的两棵树作为新树的两个分支，新树的根节点权重为两个分支的权重之和。

第三步：把上面的两个节点对应的两棵树从森林中删除，把新树加入森林。

第四步：重复第二步和第三步，直到森林中只有一棵树为止。

假设有初始化向量 (a,b,c,d,e)，其权重向量为（4,9,6,15,3），图 6.12 为该向量的哈夫曼树的构建过程。

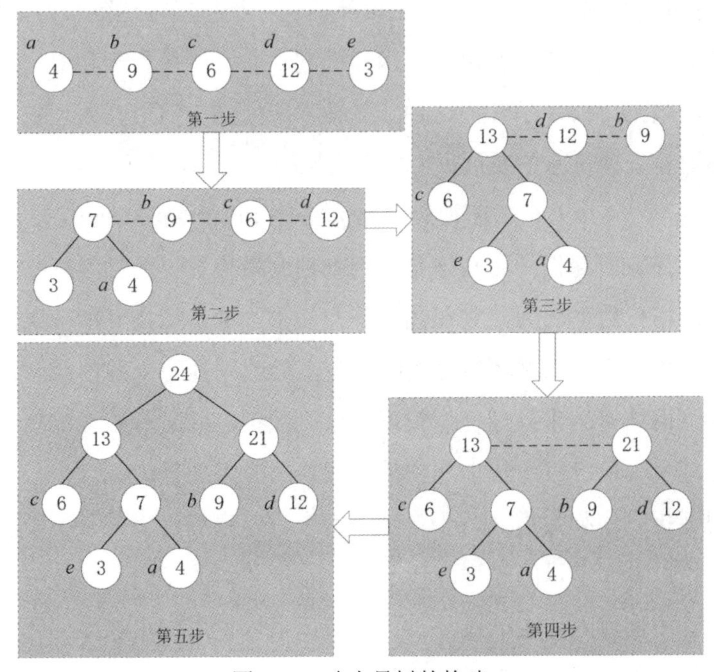

图 6.12 哈夫曼树的构建

在构建哈夫曼树后，对哈夫曼树中每个分支路径赋值，左分支赋值为 0，右分支赋值为 1。从根节点开始到原向量每个节点（现为叶子结点）的路径值排列，即为该向量的哈夫曼编码（011,10,00,11,010），如图 6.13 所示。

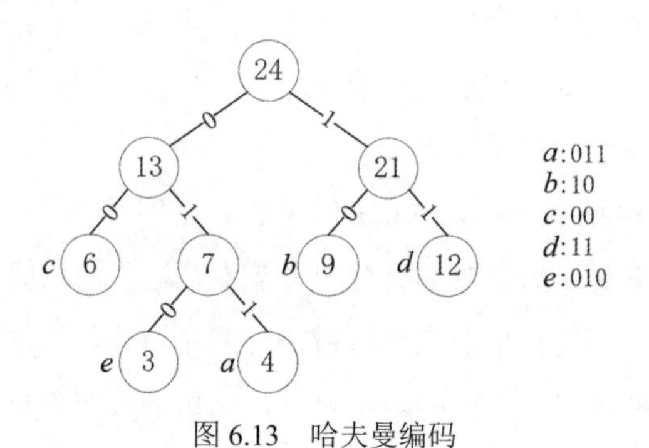

图 6.13　哈夫曼编码

6.4.4　循环神经网络 RNN

基于统计的自然语言处理系统需要建立统计模型，但是它在数据获取和模型构建方面存在很多问题。首先，传统的人工标注数据所需的代价过高，难以获得高质量、大规模的数据；其次，依赖人工设计的特征往往难以达到很好的泛化特性。

深度学习技术能够有效解决以上两种问题，它在图像处理和语音识别方面都取得了良好的效果，很多学者把这种新兴技术应用到自然语言处理方面，也有效推动了自然语言处理技术的发展。

卷积神经网络 CNN 和循环神经网络 RNN（Recurrent Neural Network）都可用于特征自动提取。卷积神经网络是专门处理网格化数据的神经网络，图像就是一种典型的网格化数据，因此它在图像分类识别中取得了良好的效果。对于文本信息，它是一种序列，而循环神经网络是专门处理序列的一种神经网络 [67]。

循环神经网络可用来处理任意长度的序列数据，并进行有效的特征提取，这也是它在处理文本信息方面优于卷积神经网络的原因之一。

我们已经提到序列数据，对于自然语言来说，序列是最常见的一种数据组织形式。单词可以看作字母的序列，句子可以看作单词的序列。

通过设计不同输入输出的循环神经网络，可以使用指定长度的向量来表示任意长度的序列，并且可以获得很好的效果。

我们回顾一下前面所学的传统的神经网络，在各个层之间存在连接，而在同一层中的各个节点之间则没有连接。这种神经网络实际上无法正确处理词的上下文关系。也就是说，对于某个词的后续单词，不仅由该单词自身确定，还和该单词之前出现的单词有关。

通过建立具有上下文关系的单词链，就可以把上下文信息包含在这个结构中。

循环神经网络在同一隐藏层内的节点也建立连接，对于隐藏层内的一个节点，其输入不仅包括上一层的输出，还包括上一时刻隐藏层的输出。通过这种模式，循环神经网络就可以实现对上一时刻信息的记忆，并把该信息用于当前节点的输入进行计算。

在处理词的上下文关系时，循环神经网络通过把输出方向的中间结果反馈给输入，再次进行处理后再输出。这样我们就需要构造一个架构，它能够把传统神经网络的隐藏层输出反馈给输入层。循环神经网络就是基于这种思路构建出来的。简单循环神经网络 Simple-RNN 是最简单的一种循环神经网络，如图 6.14 所示。

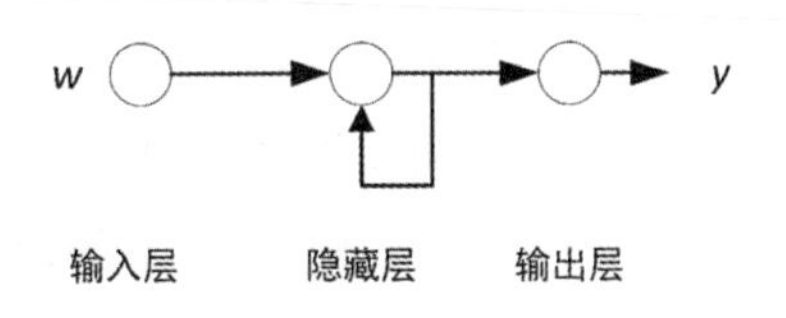

图 6.14　简单循环神经网络概念图

循环神经网络的类型有很多，如果把所有神经元的输出都作为所有神经元的输入，则可以构建全连接型的循环神经网络。也可以在有限的神经元单元之间构建循环反馈连接形成局部循环[68]。

在构造能够反映词的上下文关系的循环神经网络时，先构建由多个人工神经元构成的全连接型神经网络。然后对输入层增加节点数，增加的个数与隐藏层的输出个数相等，即输入层的节点数为输入样本数据个数与隐藏层的输出个数之和。添加新的连接，把隐藏层的输出数据作为输入的一部分，反馈给输入层。

构造循环网络示意图如图 6.15 所示。

在提供给输入层的输入数据中，一部分是训练的原始数据，还有一部分是由上一个训练数据计算得到的隐藏层的输出，这样就把上一个样本的隐藏层输出作为记忆保存起来，并把这些隐藏层输出作为当前训练样本的输入的一部分增加进来再进行训练，这样在最终的输出中，既包含了当前训练样本信息，又包含了上一个训练样本的信息，即包含输入词的上下文信息。

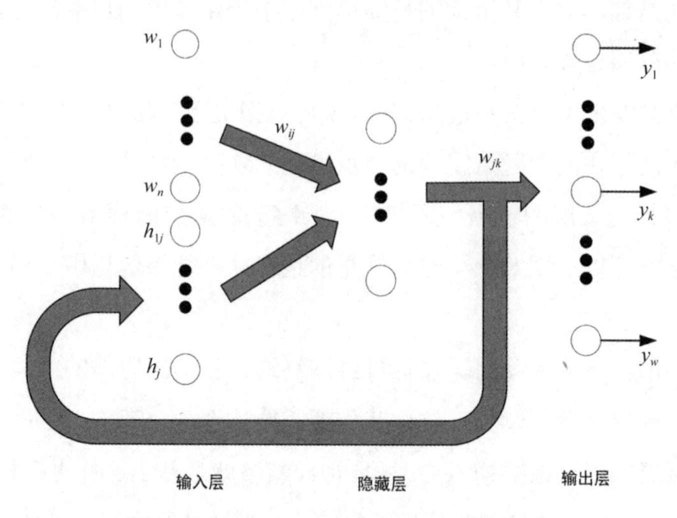

图 6.15　构造上下文关系的循环神经网络示意图

循环神经网络在自然语言处理过程中的有效性已经被实践证明，在循环神经网络中，长短时记忆模型 LSTMs（Long Short-Term Memory）是目前使用范围最广的模型，它在词向量、词性标注、句法分析中已经被越来越广泛地应用 [69]。

6.5 小结

自然语言处理是人工智能最重要的研究方向之一。深度学习的应用使得自然语言处理中的很多核心技术取得了极大的进展，包括机器翻译、自动问答、文本主题分类等。但是以机器翻译为例，它作为现在自然语言处理中实现效果最好的应用，其内部依然是一个黑匣子，计算机并不是在基于真正理解语言的基础上进行翻译，而是基于统计的方法。

乔姆斯基并不认可基于统计方法的语言处理，他认为基于思维（mind）的研究最终会与物理学和化学一样，有着严密的理论支撑。我们现在的深度学习打造的是各行各业智能化的实用工具，但要认知其内在的知识理论体系，还有很长的一段路要走。

参考文献

[1] 梁志华．二十年前，卡斯帕罗夫真的输给了深蓝吗？ [EB/OL].2017-11-29. http://sports.sina.com.cn/go/2017-11-29/doc-ifypceiq7128493.shtml.

[2] Alphago 进化史 - 漫画告诉你 Zero 为什么这么牛 [EB/OL]. 2017-10-21.http://sports.sina.com.cn/chess/weiqi/2017-10-21/doc-ifymzzpv8512964.shtml.

[3] 史蒂芬•卢奇，丹尼•科佩克．人工智能 [M]．2 版．北京：人民邮电出版社，2018.

[4] Alan Turing. Computing Machinery and Intelligence[J]. Mind, 49,450, 433-460.

[5] Alan Turing, Richard Braithwaite, Geoffrey Jefferson, Max Newman, Can Automatic Calculating Machines Be Said To Think? A broadcast discussion on BBC Third Programme[R], January 14, 1952.

[6] 随机梯度下降法概述与实例 [EB/OL]. 2018-06-16.https://blog.csdn.net/qq_37142346/article/details/80715673.

[7] The Terrainator: 看我如何把山峰搬回家 [EB/OL]. 2013-03-06. https://office.pconline.com.cn/320/3202431.html.

[8] 对 SVM 的个人理解 [EB/OL]. 2014-02-26. http://blog.csdn.net/arthur503/article/details/19966891.

[9] Python 中的支持向量机 SVM 的使用 [EB/OL]. 2017-04-27. http://www.cnblogs.com/luyaoblog/p/6775342.html.

[10] Cortes, Corinna, Vladimir Vapnik. Support-vector networks[J]. Machine learning, 20.3 (1995）: 273-297.

[11] 什么是监督学习 [EB/OL]. 2017-03-02. https://blog.csdn.net/caimouse/article/details/59531154.

[12] 曹玲玲，许忠荣，姜丽丽．统计学 =STATISTICS[M]．北京：中国石化出版社，2015.

[13] David Freedman,Robert Pisani,Roger Purves.Statistics[M].Norton & Company, 1998.
[14] 最小二乘法：最小二乘法的原理与要解决的问题 [EB/OL]. 2016-10-19. https://www.cnblogs.com/pinard/p/5976811.html.
[15] 最小二乘法的本质是什么 [EB/OL]. 2018-09-10. https://www.zhihu.com/question/37031188.
[16] 半小时学习最小二乘法 [EB/OL]. 2018-04-20. https://blog.csdn.net/u011893609/article/details/80016915.
[17] 逻辑回归的通俗解释 [EB/OL]. 2017-09-23. https://www.cnblogs.com/hezhiyao/p/7577960.html.
[18] 分类器中的S型函数 [EB/OL]. 2015-10-24. https://blog.csdn.net/FireMicrocosm/article/details/49386735.
[19] 逻辑回归（Logistic Regression）（一）[EB/OL]. 2017-08-09. https://zhuanlan.zhihu.com/p/28408516.
[20] 机器学习的相似度度量 [EB/OL]. 2015-12-02. https://blog.csdn.net/weilianyishi/article/details/50152907.
[21] 马氏距离的深入理解 [EB/OL]. 2013-07-02. http://www.cnblogs.com/likai198981/p/3167928.html.
[22] 吴军．数学之美 [M]．北京：人民邮电出版社，2012.
[23] Wikipedia. Hamming distance[EB/OL]. 2019-03-20. http://en.wikipedia.org/wiki/Hamming_distance.
[24] Wikipedia. Jaccard index[EB/OL]. 2019-04-01. http://en.wikipedia.org/wiki/Jaccard_index.
[25] Pearson product-moment correlation coefficient[EB/OL]. 2019-03-17. http://en.wikipedia.org/wiki/Pearson_product-moment_correlation_coefficient.
[26] 机器学习入门 - 浅谈神经网络 [EB/OL]. 2014-04-30. https://blog.csdn.net/Vxiaocai/article/details/84573559.
[27] J. J. Hopfield, "Neural networks and physical systems with emergent collective computational abilities", Proceedings of the National Academy of Sciences of the USA, vol. 79 no. 8 pp. 2554-2558, April 1982.
[28] 余临飞．霍普菲尔德（Hopfield）网络 [M]．北京：人民邮电出版社，2010.
[29] Fathers of the Deep Learning Revolution Receive ACM A.M. Turing Award Bengio, Hinton and LeCun Ushered in Major Breakthroughs in Artificial Intelligence[EB/OL].2018-06-15.https://awards.acm.org/about/2018-turing.
[30] 易继谐，侯媛彬．智能控制技术 [M]．北京：人民邮电出版社，1999.

[31] 人类四大科学难题：大脑之谜与物质结构、宇宙演化、生命起源 [EB/OL]. 2017-12-17. http://www.sohu.com/a/210946998_505927.

[32] 周志华．机器学习 [M]．北京：清华大学出版社，2016.

[33] 孙增圻，邓志东，张再兴．智能控制理论与技术 [M]．2 版．北京：清华大学出版社，2011.

[34] 人工神经网络简介 [EB/OL]. 2013-06-06. http://blog.sciencenet.cn/blog-696950-697101.html.

[35] BP 人工神经网络的介绍与实现 [EB/OL].2012-12-10.https://www.cnblogs.com/luxiaoxun/archive/2012/12/10/2811309.html.

[36] 朱大奇，史慧．人工神经网络原理及应用 [M]．北京：科学出版社，2005.

[37] 神经网络浅讲：从神经元到深度学习 [EB/OL]. 2015-12-31. https://www.cnblogs.com/subconscious/p/5058741.html.

[38]［深度学习］神经网络入门（最通俗的理解神经网络）[EB/OL]. 2018-01-06. https://blog.csdn.net/lyl771857509/article/details/78990215.

[39] 关于神经网络技术演化史 [EB/OL]. 2018-08-03. http://ai.51cto.com/art/201808/580403.htm?pc.

[40] Neural_Networks[EB/OL].2013-04-06.http://ufldl.stanford.edu/wiki/index.php/Neural_Networks.

[41] Neural Networks[EB/OL]. https://www.doc.ic.ac.uk/~nd/surprise_96/journal/vol4/cs11/report.html.

[42] 手把手入门神经网络系列（1）_从初等数学的角度初探神经网络 [EB/OL]. 2015-11-29. https://blog.csdn.net/han_xiaoyang/article/details/50100367

[43] 神经网络白话 [EB/OL]. 2017-05-02. https://blog.csdn.net/qq_28088259/article/details/71102553.

[44] 集智俱乐部．科学的极致：漫谈人工智能 [M]．北京：人民邮电出版社，2015.

[45] 马小平，朱小燕．人工智能 [M]．北京：清华大学出版社，2004.

[46] 图像处理与计算机视觉：基础，经典以及最近发展 [EB/OL]. 2012-05-30. https://blog.csdn.net/dcraw/article/details/7617891.

[47] 张广渊．数字图像处理及 OpenCV 实现 [M]．北京：知识产权出版社，2014.

[48] 张广渊．数字图像处理（OpenCV3 实现）[M]．北京：中国水利水电出版社，2019.

[49] Digital camera history[EB/OL]. http://www.digicamhistory.com.

[50] Rafael C. Gonzalez, Richard E. Woods．数字图像处理 [M]．3 版．阮秋琦，阮宇智，译．北京：电子工业出版社，2011.

[51] 夏良正，李久贤．数字图像处理 [M]．2版．南京：东南大学出版社，2005.

[52] 朱虹．数字图像处理基础 [M]. 北京：科学出版社，2005.

[53] William K. Pratt．数字图像处理（原书第 4 版）[M]. 张引，李虹，译．北京：机械工业出版社，2010.

[54] 章毓晋．图像工程 [M]．2 版．北京：清华大学出版社，2007.

[55] CNN 笔记：通俗理解卷积神经网络 [EB/OL]. 2016-07-04. https://blog.csdn.net/Real_Myth/article/details/51824193.

[56] CNN 浅析和历年 ImageNet 冠军模型解析 [EB/OL]. 2017-04-18. http://www.dataguru.cn/article-11125-1.html.

[57] Y. LeCun, L. Bottou, Y. Bengio, P. Haffner. Gradient-Based Learning Applied to Document Recognition[J]. Proceedings of the IEEE, 86(11):2278-2324, November 1998.

[58] 从 AlexNet 剖析 - 卷积网络 CNN 的一般结构 [EB/OL]. 2017-11-19. http://www.360doc.com/content/17/1119/18/28294195_705331328.shtml.

[59] 黄伯荣．现代汉语 [M]．北京：高等教育出版社，2007.

[60] 中国信息通信研究院 & 中国人工智能产业发展联盟，人工智能发展白皮书：技术架构篇（2018）[R].2018.

[61] AI 编程范式 第 5 章 ELIZA：和机器对话（一）[EB/OL]. 2015-01-05. https://www.jianshu.com/p/7000cc788176.

[62] NLP 第 1 课：中文自然语言处理的完整机器处理流程 [EB/OL]. 2018-8-30. https://www.jianshu.com/p/b87e01374a65.

[63] Daniel Jurafsky, James H. Martin. 自然语言处理综述 [M]．2 版．电子工业出版社，2018.

[64] 中文分词中的正向最大匹配与逆向最大匹配 [EB/OL]. 2015-09-14. https://josh-persistence.iteye.com/blog/2243380.

[65] 基于规则的分词 [EB/OL]. 2011-12-28. http://www.360doc.com/content/11/1228/16/1200324_175624504.shtml.

[66] Mikolov, T., Chen, K., Corrado, G., & Dean, J. (2013, January 17). Efficient Estimation of Word Representations in Vector Space[EB/OL]. arXiv.org.

[67] Mikolov, T., Karafiát, M., Burget, L., & Cernocký, J. (2010). Recurrent neural network based language model[C]. 2010, Conference of the International Speech Communication Association, Makuhari, Chiba, Japan, September. DBLP, 2010:1045-1048.

[68] Schuster M, Paliwal K K. Bidirectional recurrent neural networks[J]. Signal Processing, IEEE Transactions on, 1997, 45(11): 2673-2681.

[69] Hochreiter S, Schmidhuber J. Long short-term memory [J]. Neural Computation, 1997, 9(8): 1735-1780.